氣炸鍋
好好玩料理 125

熱炒超美味！

蒸煮、油炸、煎烤、烘焙全提案，從新手到進階，
網路詢問度最高的油切人氣食譜

U0003126

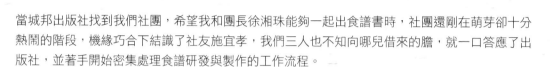

有了氣炸鍋，新手也能快速上手！

我是「氣炸鍋好好玩 - 食譜分享社」FB 社團的管理員 Hsiao Annie，終於忙完了馬不停蹄的食譜製作與拍攝工作，有機會可以透過這篇序，讓大家對我們以及《氣炸鍋好好玩料理 125》食譜書能有更深入的了解。

當城邦出版社找到我們社團，希望我和團長徐湘珠能夠一起出食譜書時，社團還剛在萌芽卻十分熱鬧的階段，機緣巧合下結識了社友施宜孝，我們三人也不知向哪兒借來的膽，就一口答應了出版社，並著手開始密集處理食譜研發與製作的工作流程。

會答應出版這本食譜書，是希望大家在剛開始接觸氣炸鍋時，就能夠快速上手，所以食譜中的每一道菜，都是我們親自使用氣炸鍋不斷測試出來的時間與溫度喔！只要讀者們依照食譜上的流程製作，一定都能做出各式各樣美味的菜色，從基礎的炸物到較繁複的熱炒，乃至各式創意料理，到甜點、佳餚，都可從這台小小的氣炸鍋中變化出來，並且透過這本書，省去大家練習的時間。

我與氣炸鍋的緣起，是在妹妹的家中。當時她輕鬆優雅的端出一大盤炸薯條、炸甜不辣、炸雞塊、炸魚塊，而且完全不見她動到油鍋，也沒有滿頭大汗，真是讓我驚豔不已！重點是這些透過氣炸鍋所調理出來的炸物，吃起來完全不油膩，也不像傳統油炸的方式，浪費大量的炸油，最後卻又不知如何處理廢油。

而且透過氣炸鍋所料理出來的炸物，一口咬下，口感清爽完全沒有負擔，對想減脂的女生們，以及現在對想要吃的健康、不油膩的現代人來說，這樣的料理方式是很好的選擇！我想，只要大家吃到氣炸鍋料理出來的食材時，只會有一個動作，就是立馬打開手機下訂搬一台回家！對氣炸鍋原本存有滿腦子的疑慮，都在這瞬間拋到九霄雲外去了。

氣炸鍋不單做簡單的速食炸物，還能延伸至各種創意料理，以及擁有小型炫風烤箱的功能，在家隨時都能做一些小甜點或蛋糕點心，供小家庭的成員們一起動手做，享受烹調與烘焙的樂趣。

你會發現，有了氣炸鍋後，做菜可以十分輕鬆有趣，對煮菜一竅不通的朋友們，依照著這本食譜書的製作流程，按步操作，都能馬上變成快樂小廚師或小廚娘，製作出讓親友驚呼連連的菜色！希望大家買下這本食譜書之後，都能夠做做看裡面的每一道料理，一起快速成為氣炸高手！最後，也歡迎讀者們加入「氣炸鍋好好玩 - 食譜分享」粉絲團，與我們一起互動喔！

氣炸鍋熱炒料理超神奇！

當我向你推薦《氣炸鍋好好玩料理 125》一書時，你一定有所疑問？這本書有什麼特色，在眾多的食譜中，「它」是否有那種價值，或只是一堆食物的照片，如果你有這樣的考量，那我要很誠實的回答你，這本食譜最大的特色就是「貪心」。

我們很貪心的想用最簡單的工具，完成最多的烹飪程序，你只要準備一台氣炸鍋，然後買這本書，那麼從正式的宴席、親友聚餐、到居家的私房菜，就能全部搞定，更令人驚訝的是還有專業的水準，企圖只用一個氣炸鍋跟一本書，來完成這些工序，你説我們是不是很「貪心」。

也因為這原因，在食譜設計時，我強調過程的優雅性，讓使用者隨著本書操作，可以輕鬆悠閒地做出各式的佳餚，不但不會像在傳統廚房般的汗流浹背，且更能展現出操作者從容華貴的氣質，其中我延伸開發出獨創的熱炒系列食譜，這類食譜最適合國人的飲食習慣，也擴大了氣炸鍋的使用範圍，總之我希望你在家常的日子裡，都能快速、輕鬆做出變化多端又美味的菜餚，讓每個下廚的人都能像王子公主般的幸福快樂。

《氣炸鍋好好玩料理 125》的百道食譜，都是經過作者反覆的實際操作，讀者只要按照説明，都能做出可口的菜餚。我們有宴客的大菜、地方風味的熱炒、方便迅速的便當料理、簡單親民的家常小吃、優雅浪漫的甜品，這些你所需要的，我們都很貪心的為你設想到了，只要氣炸鍋輕輕一按，都能省時省力快速上桌！一起體驗氣炸鍋料理的魅力吧！

意想不到的創新料理氣炸上桌！

首先感謝氣炸鍋好好玩社團版主們的邀請，共同籌劃了這本《氣炸鍋好好玩料理 125》一書。

平時日常都是三五好友來聊天聚餐，在各種建議以及交流碰撞之後才有的一點料理心得。每每覺得作出讓自己感動的料理，就會迫不及待的分享作法以及料理照片與網友們討論，藉此也能激發出更多的想法與創意。

一開始烹飪對我來說只是單純的想做菜給家人吃，希望能在美味之餘也能兼顧健康。看著杯盤狼藉的桌面食物全部被吃光，心裡就有莫大的成就感。追求料理的細節是我一貫的堅持，也因此廚房裡堆滿了大大小小的鍋碗瓢盆，以及各種奇特的調味料。擁擠爆炸的廚房，也常常引起家人的不滿。

投入料理的世界之後，也會開始研究各種不同的烹飪器具。從瓦斯爐、微波爐、烤箱、煮飯電鍋等基本設備，進階到鑄鐵鍋、食物調理機、麵包烤箱、炭烤台、舒肥機、煙燻槍、真空包裝機等高階器具，後來接觸到了氣炸鍋這項產品更讓我為之驚艷！氣炸鍋料理的精髓就是方便省時。以往使用烤箱都得先花時間預熱，然而氣炸鍋到達理想溫度卻非常快速準確，也因此可以應用到其他的烹飪領域上。

《氣炸鍋好好玩料理 125》這本食譜書累積了我們三位作者對於氣炸鍋的料理心得，每一道菜都是重複做過好幾次，以確保讀者在親自操作時能提高料理的成功率。希望各位也可以享受料理，愛上料理，輕易的作出美味又健康的菜餚。

施 宜孝

目　錄

PART 1

省時料理

PART 2

熱炒料理

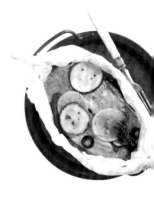

氣炸鍋全圖解

如果說微波爐是上世紀最具革命的廚具，那本世紀初，最讓人驚豔的非氣炸鍋莫屬了！「氣炸」是利用熱輻射和熱風循環的原理，加上頂部的電熱管幫鍋內食物加熱，透過熱風循環使得加熱效果達到完全均勻，產生類似「油炸」的效果。而這幾種聽似簡單的原理，經過巧妙的組成，便形成了一款神奇的產品。

以中國人的飲食習慣而言，微波爐是不足應付中餐的烹飪要求，尤其以炸、炒、烤、煎、烘焙這幾種工序，但這些難題現在竟能在一台小機器上完成，甚至超作更容易，成品更完美，食用上也更健康，最讓人溫馨的是價位太親民，甚至要比一般瓦斯爐便宜許多，只要一台氣炸鍋，就能解決煎、烤、炸、炒，還能作餅乾、蛋糕、麵包，最讓人興奮的是完全不須要廚藝訓練，只須依照食譜備料、放料，按下開關，都能全程自動，像這種集方便、快速、簡單、安全、全面的廚具，連我都懷疑是外星人的高科技產品，說它是本世紀初最神奇的廚房革命，相信您使用後也會同意的。

熱電管及風扇

位於炸籃上方，本機採用九葉風扇急速加熱，可快速全方位受熱均勻，熟透食物各處。

觸控式 LED 溫度／時間控制面板

溫度觸控面板，精準控制溫度及時間（0 ～ 30 分鐘定時／ 80 ～ 200 度調溫），並有七種基本菜單選擇。

外鍋

食品級不沾鍋陶瓷塗層，深度 12 公分，可承接濾出油脂，也可升級外鍋直接使用。

炸籃

可拆式專屬炸籃，具備頂級防沾塗層，可避免許多類型食物沾黏，底部孔洞設計，可濾出多餘油脂。

把手

外鍋本身附有把手，可直接使用，炸籃另附可活動拆解式把手，料理取用方便。

氣炸鍋料理使用秘訣

本書食譜皆是經過多次反覆測試編寫而成，以下提供氣炸鍋在料理時的重點技巧，讓你料理食材更得心應手！

食材盡量平鋪不重疊

食材平鋪不重疊氣炸受熱才會更均勻，若使用雙層烤架，則要觀察底層食材熟成狀況，可能取出上層食材後，底層食材還需多氣炸數分鐘。

料理過程中，建議多次確認食材熟成狀況

在實際操作上，氣炸的溫度與時間還是要斟酌調整，因食材的多寡亦會影響氣炸的熟成度，若新手操作覺得無法完全掌握，建議可以在氣炸進行中，可直接將炸籃拉出觀察食材熟成度，相信多幾次的操作，必會快速上手。

熱炒料理適合在外鍋使用

烘焙料理適合在炸籃內使用

氣炸鍋的炸籃及外鍋升級使用

現在多數的氣炸鍋皆可將炸籃拆除，直接使用氣炸鍋外鍋，容量也比較大；若拆除炸籃使用，會影響氣炸熱旋效果，料理時需判斷菜色是否適合直接使用外鍋。一般來說熱炒料理會比較適合，若是烘焙料理及炸物料理建議還是在炸籃內，熱循環會比較均勻。

氣炸鍋必備配件

雙層烤架

可以將食材分兩層不重疊擺放,增加了烹飪空間,一次烘烤的量比較多,但同時要注意烘烤食材量大時,時間跟溫度皆須微調。

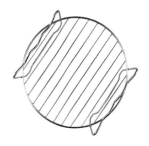

多功能食物矽膠夾

翻動夾取食物的最佳小工具,夾頭採用可耐熱240度矽膠材質。由於目前氣炸鍋內鍋炸籃及配件多為不沾材質,操作熱炒料理,或是需要翻動食材時最佳幫手,比較不易刮傷不沾塗層。

烘焙紙

烘焙紙有分有洞跟無洞紙,烘焙紙包料理使用無洞烘焙紙。若氣炸肉類需要將油脂瀝出,或者烘焙料理時,需要熱循環良好則使用有洞烘焙紙。

不鏽鋼串燒叉

方便做串燒料理,如蔬菜肉串或者烤魚,亦可搭配雙層烤架使用(參考 P110 鹽烤香魚)。

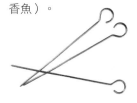

不鏽鋼材質容器或炸網

標示 304 或 316 容器或炸網皆可安心放入氣炸鍋使用。

隔熱矽膠手套

氣炸鍋使用後溫度很高,使用一些隔熱小工具拿取,才不會被燙傷。

量匙

本書使用劑量單位為標準量匙,以水為例單位如下:

1 大匙(T)=15 公克 =15c.c.

1 小匙(t)=1 茶匙(t)5 公克 =5c.c.

1/2 小匙(t)=½ 茶匙(t)=2.5 公克 =2.5c.c.

1/4 小匙(t)=¼ 茶匙(t)=1.25 公克 =1.25c.c.

若有粉類或者乾貨類,則以標準量匙的平匙為準。

矽膠油刷

補充較大量的油份、烘焙料理上蛋液或糖漿，或在烤盤容器上塗刷油脂防沾等，使用矽膠刷較方便。

烘烤鍋

多為不沾材質，水分較多料理的好幫手，例如麻婆豆腐，亦可烘蛋、烤蛋糕等。

烘烤盤

類似烘烤鍋，多為不沾材質，烤 pizza 或甜鹹派皮料理。

耐熱保鮮盒或陶瓷耐熱器皿

標示耐熱 400 度玻璃材質保鮮盒，或標示烤箱可用耐熱器皿亦可作為料理容器使用。若是家用一般陶瓷碗盤，若無法確認，建議不要使用，部份陶瓷碗盤可能上面有上漆，不一定適合高溫烹調。

噴油瓶

補充油份的小工具，使用噴油的方式，一來降低油份攝取，二來油份補充較為均勻。

矽膠刮棒

攪拌食材或將鍋邊周圍醬料刮料如蛋糕糊，可選擇耐熱及彈性較好的刮棒，使用上會更便利。

打蛋器

用來將雞蛋、奶油霜打發，或攪拌醬料麵糊使其均勻軟化，若是製作蛋糕打發，還是會建議使用電動攪拌器更方便快速。

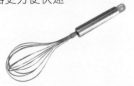

電子秤

選擇至少 1g 或是至少小數點 1 位的廚房用小磅秤，協助精準測量食材重量。

氣炸鍋料理好搭醬料

▎熱炒備用醬料 ▎

可以用中小火煮滾放涼冷藏，皆可冷藏 7～10 天不等，冷凍可達 1 個月，一次做好中等份量的醬料，可以製作 3～5 道菜，省時又方便。

韓式辣椒醬

橄欖油 2 大匙
洋蔥碎 30g
清酒 60c.c.
韓國辣椒醬 100g
蕃茄醬 200g　　果糖 20g
黑糖 30g　　　蘋果泥 20g

青醬（使用均質機或果汁機打碎成泥）

九層塔葉（或羅勒葉）100g
松子 40g
橄欖油 50～80c.c.
帕瑪森起司粉 2 大匙
蒜頭 3 瓣
鹽適量
黑胡椒粉適量

三杯醬

麻油 100c.c.
米酒 100c.c.
醬油 50c.c.
醬油膏 50c.c.
白砂糖 5g
白胡椒粉 5g

糖醋醬

梅粉 5g
蕃茄醬 100c.c.
白砂糖 100c.c.
白醋 100c.c.

宮保醬

白砂糖 5g
白胡椒粉 5g
醬油 100c.c.
米酒 100c.c.

▎百搭沾醬 ▎

紅酒醬

熱鍋後炒洋蔥至半透明，加入所有材料炒勻後，再用調理機打成醬汁。

橄欖油 2 大匙　　伍斯特醬 1 小匙　　鹽少許
洋蔥碎 2 大匙　　奶油 1/2 大匙　　黑胡椒少許
蕃茄糊 1 大匙　　蒜末 1 小匙
紅酒 1 大匙　　　辣椒碎 1 小匙

日式豬排沾醬

醬油 20c.c.
蕃茄醬 50c.c.
白砂糖 20c.c.
醬油膏 30c.c.
烏醋 50c.c.
味醂 30c.c.
水 20c.c.

炸捲沾醬

豆腐乳 1 大匙
海山醬 2 大匙
白砂糖 1 小匙
味噌醬 2 大匙
蕃茄醬 ½ 大匙
蘋果泥 10g
蜂蜜 1 小匙

五味沾醬

蕃茄醬 50c.c.
醬油膏 25c.c.
泰式辣醬 10c.c.
蒜蓉辣椒 15c.c.
白砂糖 5c.c.
白醋少許
胡椒粉少許

▌美乃滋／優格沾醬 ▌

美乃滋或優格質感潤滑順口，搭配各種果醬或者辛香料，可成為各種風味的沾醬。

草莓優格沾醬

無糖優格 3 大匙
草莓果醬 1 大匙

香蒜美乃滋沾醬

美乃滋 3 大匙
氣炸蒜片 5g
帕瑪森起司粉適量

蜂蜜檸檬美乃滋

美乃滋 3 大匙
檸檬汁 1 大匙
白砂糖 1 小匙
檸檬皮屑適量
蜂蜜 1 小匙

氣炸鍋 Q & A 全解析

Q 請問我該如何挑選適合的氣炸鍋呢？

目前市場上氣炸鍋的商品選擇愈來愈多，我該如何選擇適合自己的氣炸鍋？是大家最常提出的疑問。一般除了建議使用者挑選一台自己喜歡的造型與適合的容量之外，很重要的一點則是，家電用品的「安全性」才是購買時最首要的考量喔！

選擇一家符合台灣 BSMI（台灣經濟部標準檢驗局）及 SGS 檢驗合格的產品，使用起來安全性高，也較讓人安心。氣炸鍋屬於高瓦數加熱的商品，如果未通過安全檢查，如何確保零件是否符合安全規範？電線是否安全？以及購買之後所提供的保障、維修問題？有通過檢驗的氣炸鍋商品，才能投保產品責任險，為消費者提供一份安全保障。

Q 我終於拿到氣炸鍋了，可以教我怎麼開鍋嗎？

許多剛入門的朋友，拿到氣炸鍋一開始常常不知該怎麼使用，第一件事就是詢問開鍋，一般氣炸鍋都可用空燒 200 度 10 分鐘的方式去除新機的味道，也有些會選擇購買鳳梨、柳丁、檸檬、柚子皮等具香氣的水果，方式以 200 度 10 分鐘烤出水果的精油香味。空燒完畢後，等待炸籃退溫，再以清水沖洗乾淨，就可以正式啟用！

以本食譜書所使用的 Anqueen 安晴氣炸鍋為例，由於商品出貨時廠商已有嚴謹的把關機制，所以新機到手時，基本上沒有什麼特殊的氣味，可以直接以溫水沖洗乾淨，開機以 120 度 3 ～ 5 分鐘烘乾後，就能開始使用了。

Q 氣炸鍋炸籃與外鍋好清洗嗎？裡面的上方加熱管（俗稱蚊香）又該如何清潔？

一般在氣炸鍋炸過高油脂的食物後，常會沾附食物，建議使用後，以溫熱水先浸泡著氣炸鍋的內外鍋，待熱水融解油污之後，再以軟海綿沾些洗碗精，輕輕刷洗就可以很簡單的完成清潔的工作。

以食譜書中的 Anqueen 安晴氣炸鍋為例，內外鍋皆使用頂級不沾鍋陶瓷塗層，因此食物、油

污不易沾黏，清洗十分簡單方便，只需留意其內外鍋洗淨之後，外鍋的折角處或內鍋的手把安插處，需擦乾之後，再以 120 度 3 ～ 5 分鐘烘乾即可。

蚊香的清潔，可以每個月 1 ～ 2 次，將機身倒放，運用海棉牙刷（藥局購入）或細刷等清潔工具沾少許中性清潔用品，輕輕刷洗後，以熱抹布擦拭掉油污即可繼續使用，但請勿自行拆裝機器，以免影響到保固的權益！

鍋子成形時折角的部分折進去裡面無法噴進塗層，水跑進折痕容易產生繡痕，清洗鍋具時，摺痕處、螺絲內鎖處的水分需擦拭乾淨，再以 120 度 3 ～ 5 分鐘烘乾。

Q 除了氣炸鍋本身之外，還需要加購其他配件、容器或手把使用嗎？

基本上，可以放入烤箱的器皿，都是可以放進氣炸鍋使用的。除了市售的氣炸鍋專屬配件或304 不鏽鋼材質的配件之外，也可以選用耐熱玻璃容器，但選擇放入氣炸鍋的玻璃保鮮盒，建議必須挑選耐熱 400 度以上的，以防止高溫加熱時破裂。

以 Anqueen 安晴氣炸鍋為例，本身內炸籃有 20 公分、外鍋則有 22 公分，所以只要選購能夠放進去的氣炸鍋配件，就可以使用；另外，由於 Anqueen 安晴氣炸鍋的內鍋有附贈專屬的手把，所以不需再額外加購手把。

可拆式專屬炸籃，把手可活動拆解

Q 氣炸食物時到底要不要噴油呢？

這要看炸的是什麼食材喔！一般不含油脂的食材，就需要噴油，炸起來比較不易乾柴，例如：蔬菜類、豆腐類、雞胸（不含油脂）、裹炸粉的食材等，炸起來口感會較酥脆；其他含高油脂的食材，如雞腿、烤香魚、炸雞塊、薯餅等，就不需再另外噴油。

Q 請問氣炸鍋可以隨時拉出來看食物的熟度嗎？

以本書使用的 Anqueen 安晴氣炸鍋為例，本身機器有設計不斷電系統，所以炸到一半隨時拉出來看食物的熟成度或是翻面再炸，都是沒有問題的，而且機器會記憶時間，繼續完成氣炸工作。

Q 氣炸鍋氣炸的時間最長可以使用多久？時間太久機器會過熱嗎？

使用氣炸鍋，在系統設定時間以內的溫度，都是機器可以承受的範圍。建議使用 60 分鐘後，停止 10 分鐘，讓機器稍微降溫，再炸下一道菜。

Anqueen 安晴氣炸鍋本身使用 LED 觸控面板，除了可以清楚知道使用的時間，本身還有 2 小時斷電記憶，並且機器底部設有散熱孔的裝置，上面後方還有加大出風口能夠即時有效的降溫，除了不會有機器使用過熱的問題，還可延長氣炸鍋的使用壽命。

| LED 觸控面板設計 | 防燙手把 | 散熱風口 | 陶瓷不沾塗層 |

Q 氣炸鍋烹調食物好方便，每天使用氣炸鍋，會不會讓電費爆增？

以目前 1 小時 1 度電的基本電費來說是 1.63 元，Anqueen 安晴氣炸鍋為 1400WX1.63 元 =2.2 元，因此連續使用 1 小時不間斷計算，電費約 2.2 元，用這方式推算，耗電量並不會造成電費爆增的問題（夏季電費或營業用電計算方法不同，可以此方式另外自行推算）。

Q 氣炸鍋容易產生油煙嗎？料理後是否會殘留氣味呢？如何處理？

氣炸鍋與旋風烤箱的製造原理類似，透過上方的隱藏式發熱管與風扇，產生熱風並利用氣炸鍋的密閉空間產生熱對流的作用，加速食物均勻熟成。正常使用是不會產生油煙，只會有食物的香氣從散熱孔飄香。有時候產生油煙，可能是溫度一開始調過高，造成部分油脂較高的食材油脂噴到上方的發熱管，造成油煙的狀況，可以先暫停氣炸的動作，待機器降溫後，用溫熱的抹布將上面的「蚊香」擦拭乾淨後，再重新啟用。

料理某些較有腥味的食材，例如魚類、海鮮類，有時會在氣炸鍋留下氣味，可在氣炸海鮮的同時，於鍋內放置檸檬一起氣炸，不止可以增添海鮮的風味，也能同時降低氣炸鍋殘留氣味的可能。

Q 氣炸鍋的炸籃，為什麼使用一段時間後就會開始沾黏呢？

氣炸鍋的不沾塗層製作原理與不沾鍋類似，屬於消耗品，因此請盡量避免使用粗面的菜瓜布刷洗，這樣容易傷害塗層，也容易縮短塗層的使用壽命。

烹調完畢時，請用溫熱水浸泡鍋具，透過熱水讓油脂分離後，再用軟海綿與中性清潔用品清洗。若沾黏狀況較嚴重，可以於鍋中倒入小蘇打粉，用熱水浸泡，靜置一晚再做清洗的動作。

建議也可以搭配烤布、烤網、烘焙紙等方式，減少食材烘烤時沾黏氣炸鍋的機會，料理完畢也較容易清潔。

食材氣炸時間表

▌肉類 ▌

食材	溫度／時間
香腸	180 度 8 分鐘（5 分鐘翻面）
小雞翅	180 度 12 分鐘（8 分鐘翻面）
冷凍紅龍雞腿	180 度 20 分鐘（10 分鐘翻面）
冷凍骰子牛	180 度 5 ～ 7 分鐘（視自己喜歡的熟度調整）
冷凍雞柳條	180 度 10 分鐘，翻面 200 度 2 分鐘
7-11 綠野鹽酥雞	180 度 6 分鐘，翻面 200 度 5 分鐘
大熱狗	170 度 8 分鐘（4 分鐘翻面）
肯德雞炸雞冷藏回溫	180 度 4 分鐘
鹹豬肉	180 度 8 分鐘，翻面 200 度 4 分鐘
炸醃排骨	180 度 8 分鐘，翻面 200 度 5 分鐘
烤鴨胸	160 度 7 分鐘，翻面 180 度 5 分鐘
三角軟骨	200 度 8 分鐘，翻面 200 度 8 分鐘
鹽漬雞胸	泡鹽水，180 度 15 分鐘（8 分鐘翻面）
松阪豬	180 度 8 分鐘，翻面 200 度 5 分鐘
酥炸田雞	田雞裹酥炸粉，180 度 15 分鐘（10 分鐘翻面）

▌海鮮 ▌

食材	溫度／時間
冷凍鯖魚排	180 度 8 分鐘，翻面 200 度 5 分鐘搶酥
花枝	180 度 5 分鐘（3 分鐘翻面）
生干貝	170 度 5 分鐘，翻面 200 度 3 分鐘
白蝦	180 度 8 分鐘（6 分鐘翻面）
Cosco 去殼蝦仁	160 度 6 分鐘（3 分鐘翻面）

生蠔	180 度 8 分鐘
鳳螺	180 度 12 分鐘（6 分鐘翻攪）
整隻透抽	180 度 8 分鐘（4 分鐘翻面）
冷凍鮭魚	160 度 10 分鐘，翻面 180 度 5 分鐘
冷凍土魠魚片	需退冰，180 度 10 分鐘
炸冷凍鱈魚	需退冰，180 度 10 分鐘，翻面 200 度 3 分鐘
蛤蠣	200 度 10 ～ 15 分鐘
虱目魚肚	180 度 10 分鐘，翻面 200 度 3 ～ 5 分鐘
魚下巴	160 度 20 分鐘，翻面 200 度 5 分鐘
吳郭魚	抹鹽，180 度 15 分鐘，翻面 200 度 5 分鐘

▌點心 ▌

食材	溫度／時間
蘋果乾	蘋果切薄片，100 度 1 小時
冷凍薯條	180 度 15 分鐘
冷凍水煎包	需退冰，200 度 5 分鐘
糯米腸	180 度 10 分鐘（8 分鐘翻面）
花枝丸	180 度 8 分鐘（4 分鐘滾動翻攪）
冷凍薯餅	180 度 12 分鐘（6 分鐘翻面）
烤脆皮吐司抹花生醬	170 度 4 分鐘
冷凍月亮蝦餅 1 片	不退冰。180 度 16 分鐘（8 分鐘翻面）
韓式年糕	160 度 6 分鐘（4 分鐘翻面）
銀絲卷	200 度 3 分鐘，淋上煉乳

豆乾	180 度 7 分鐘（4 分鐘翻面）
棉花糖	180 度 3 分鐘
烤飯糰	180 度 15 分鐘（8 分鐘翻面）
蝦餅	200 度 3 分鐘
馬鈴薯洋芋片	切片馬鈴薯，川燙 30 秒，180 度 25 分鐘，灑椒鹽

▎蔬菜 ▎

食材	溫度／時間
杏鮑菇	160 度 10 分鐘（5 分鐘翻面）
炸南瓜片	180 度 10 ～ 12 分鐘（5 ～ 6 分鐘翻面）
玉米筍（不去殼）	180 度 12 分鐘（5 ～ 6 分鐘翻面）
美人腿（不去殼）	180 度 12 分鐘（5 ～ 6 分鐘翻面）
炸蘑菇	180 度 6 分鐘（3 分鐘翻攪）
花椰菜 1/2 顆	包鋁箔紙，180 度 20 分鐘
四季豆	160 度 10 分鐘（5 分鐘翻攪）
櫛瓜	160 度 8 分鐘（4 分鐘翻面）
茄子	160 度 5 分鐘，翻面 180 度 3 分鐘
香菇	160 度 10 分鐘（5 分鐘翻攪）
小黃瓜	180 度 10 分鐘（5 分鐘翻攪）
秋葵	180 度 7 分鐘（3 分鐘翻攪）
金針菇	包鋁箔紙，180 度 8 ～ 10 分鐘
青江菜	加少許水，180 度 7 分鐘（3 分鐘翻攪）
紅蘿蔔薯條	紅蘿蔔切成條狀，抹油，200 度 15 分鐘（5 分鐘翻攪一次）

1

省時料理

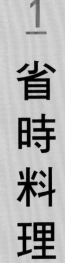

RECIPE 01

香酥蒜片

130℃

25min

材料（2 人份）

蒜頭約 200g
橄欖油適量（噴油用）

調味料
玫瑰鹽適量
現磨黑胡椒適量

作法

1. 將蒜頭剝好，切片備用。

2. 切片好的蒜片平鋪在炸網上，以噴油瓶均勻噴上一層薄油。

3. 單面灑上玫瑰鹽與現磨黑胡椒，以 130 度烤 25 分鐘即可。

Tips

1. 烤好的蒜片用餐巾紙或是吸油紙稍微輕壓，可以讓蒜片更清爽酥脆。

2. 蒜片可以多烤一點放保鮮盒冷藏備用，要用時以 200 度烘烤 2 分鐘。

150℃

20min

RECIPE 02
焗香杏鮑片

材料（2 人份）

杏鮑菇約 200g
百里香少許
橄欖油適量（噴油用）

調味料
玫瑰鹽適量
粗粒黑胡椒適量
七味粉適量

作法

1. 將杏鮑菇擦乾淨，切片備用。

2. 在氣炸鍋內放入炸網，將切片好的杏鮑菇平鋪上去，以噴油瓶均勻噴上一層薄油。

3. 單面灑上玫瑰鹽與現磨黑胡椒，以 150 度烤 20 分鐘即可。

4. 擺盤後灑上少許的七味粉、擺上百里香。

Tips 買來的杏鮑菇不用沖洗，用餐巾紙擦拭乾淨，避免流失菇類的風味。

200℃

3▸3min

炸雞蛋豆腐

材料（2 人份）

雞蛋豆腐 1 盒　　　　　　調味料
雞蛋液 1 顆　　　　　　　玫瑰鹽
低筋麵粉適量
麵包粉 1 杯（約 350ml）
鹹蛋黃 1 顆
橄欖油適量（噴油用）

作法 ──

1. 雞蛋豆腐切成正方形狀。

2. 每個雞蛋豆腐先裹上一層薄麵粉，等反潮。

3. 雞蛋液灑上少許玫瑰鹽後，將豆腐沾取雞蛋液，再放到鋪滿麵包粉的盤子，讓整盤雞蛋豆腐均勻包覆麵包粉。。

4. 將豆腐放入氣炸鍋，使用噴油瓶將表面均勻噴油，以 200 度烤 3 分鐘，拉開翻面噴油再烤 3 分鐘。

5. 將鹹蛋黃用煎鍋炒到有些冒泡泡就可以起鍋，配著雞蛋豆腐吃，鹹香鹹香好滋味。

 Tips

1. 炸的香酥、香酥的雞蛋豆腐，要趁熱吃，比較吃得到酥脆度。

2. 烤豆腐類的食材，為避免沾鍋及透氣，可以出動不沾烤網處理，以免氣炸鍋黏鍋。

180℃
10min

⌄

200℃
2min

RECIPE 04

炸雞塊

材料（2人份）

紅龍雞塊8～10塊

調味料
白胡椒鹽
蕃茄醬

作法 —————————

1. 市售冷凍雞塊2人份約8塊，不需要退冰。

2. 將雞塊放入氣炸鍋以180度烤10分鐘，翻面後再以200度烤2分鐘。

3. 灑上胡椒鹽、淋上蕃茄醬就很美味！

170℃

4▸4min

∨

200℃

2min

RECIPE 05

卡滋酥炸水餃

材料（2人份）

冷凍水餃 12 顆
橄欖油適量（噴油用）

作法

1. 將水餃從冷凍庫取出，每顆水餃都過水（濾過水），再用噴油瓶均勻噴油。

2. 接著將水餃一顆顆擺在氣炸鍋炸籃內，避免沾黏。

3. 以 170 度烤 4 分鐘，拉開翻面均勻噴油再烤 4 分鐘。

4. 再以 200 度烤約 2 分鐘，炸到表面金黃即可。

Tips　炸到香酥的水餃，外皮香脆像餅乾，可當下午茶小點心食用。

180℃

6 ▸ 4min

RECIPE 06

甜不辣

材料（1 人份）

市售甜不辣

調味料
黑胡椒粒或胡椒鹽適量
市售醬油膏或甜辣醬

作法

1. 將甜不辣放進氣炸鍋，以 180 度氣炸 6 分鐘，拉出來翻面後繼續炸 4 分鐘完成。

2. 炸好的甜不辣很澎潤可愛，用剪刀剪成條狀，灑上黑胡椒粒或胡椒鹽，就是一道好吃的小點心。

Tips

1. 使用烤布可以預防炸籃沾黏喔！

2. 市場購入的甜不辣，用氣炸鍋很容易處理，平常可冰在冷凍庫中，想吃時再拿出來氣炸，此溫度以冷凍甜不辣為製作方式。

RECIPE 07

溫泉蛋

100℃
8min

材料（2 人份）

雞蛋 1 顆

調味料
鰹魚露少許
清酒少許
七味粉少許
醬油少許
香菜少許

作法

1. 冷藏雞蛋放入氣炸鍋中，以 100 度烘烤 8 分鐘。

2. 將烘烤後的雞蛋打入碗中，把所有調味料加入即可。

(Tips) 各品牌氣炸鍋火力不盡相同，視情況可增減 1～2 分鐘。

180℃
約 30min

RECIPE·08

烤三色地瓜

材料（2 人份）

粟子地瓜或紅地瓜 1 條
黃地瓜 1 顆
紫薯 1 顆

作法 ——————————

1. 烤地瓜用氣炸鍋也能簡單處理，先將買來的地瓜表皮刷洗乾淨。

2. 將地瓜放入氣炸鍋，以 180 度，時間依地瓜的厚實度熟成不一，烤約 20 ～ 30 分鐘。

(Tips)
1. 如果要烤到地瓜出蜜，可以在最後 5 分鐘轉到 200 度。
2. 長條的粟子地瓜約氣炸 20 分鐘、圓形的紫薯及黃地瓜約 30 分鐘。

Cook more 紫薯拿鐵冰砂   RECIPE 09
——————————————————————

將烤好的紫薯，放入攪拌機中，加入適量牛奶及冰塊攪打，就可以輕鬆製作出一杯紫薯拿鐵冰砂，濃郁又好喝，可當早餐，營養豐富喔！

180℃
約 20min

蜂蜜芥末薯條

材料（2 人份）

馬鈴薯 2 顆
橄欖油適量（噴油用）

調味料
黑胡椒適量
鹽適量

蜂蜜芥末醬
黃芥末 1 小匙
芥末子 1 小匙
美乃滋 2 大匙
檸檬汁 1 小匙
鹽少許
黑胡椒少許

作法 ───────────────

1. 將馬鈴薯削皮後泡水，防止氧化變色。接著將馬鈴薯切成手指粗細，泡水 30 分鐘。

2. 取出馬鈴薯條，放入一冷水鍋中。以冷鍋煮至沸騰，大約 8 分鐘將表面煮至半透明即可。

3. 瀝乾後，放在烤盤上，用電風扇吹乾 1 個小時。

4. 用噴油瓶在薯條表面噴上一層薄油，放入氣炸鍋中，以 180 度烘烤 15 ～ 20 分鐘。取出後灑上適量的黑胡椒和鹽。

Tips

1. 泡水 30 分鐘是為了讓馬鈴薯表面產生更多澱粉。

2. 要讓薯條表面更酥脆，可以冷藏一晚後隔天再氣炸。

3. 氣炸薯條搭配蜂蜜芥末醬，風味絕佳。

180℃
___
12min

RECIPE 1.1

香烤玉米筍

材料（6人份）

有機帶殼玉米筍一包
約6隻

調味料
胡椒鹽適量

作法 ────────

1. 將玉米筍清洗乾淨後，切掉頭尾。

2. 將玉米筍平鋪在氣炸鍋內，不要交疊，以180度烤12分鐘，
   不用翻面，烤至表面微微泛黃即可。

3. 烤好的玉米筍去殼和玉米鬚後，灑上些許胡椒鹽，吃原味
   就很好吃！

 Tips

   1. 直接氣炸的玉米筍最好挑選有機無農藥的。

   2. 玉米筍不要剝皮，直接氣炸可以鎖住水份，吃起來很
      鮮嫩多汁，又保留了食材原味。

   3. 中型玉米筍烤12分鐘，如果是較瘦小型的玉米筍可
      以改為10分鐘。

   4. 摘除的玉米鬚可沖泡熱茶飲用，利水消腫。

RECIPE 12

香烤奶油玉米

200℃

9▶9min

材料（2 人份）

玉米 2 隻
奶油 2 塊
玫瑰鹽少許

作法 ————————————

1. 將鋁箔紙裁好可以包裹住玉米的大小。

2. 玉米灑上玫瑰鹽，一旁放置奶油後，用鋁箔紙包好放入氣炸鍋。

3. 以 200 度烤 9 分鐘，翻面後再烤 9 分鐘。

RECIPE 13

香酥點心脆麵

材料（2 人份）

麵線 1 把　　　　　調味料
橄欖油 1 小匙　　　醬油 1 小匙
　　　　　　　　　糖粉 1 小匙
　　　　　　　　　白胡椒粉 1 小匙

作法

1. 將麵線放入熱水川燙 40 秒撈起瀝乾，加入橄欖油拌勻。

2. 加入醬油、糖粉、白胡椒粉拌勻。

3. 氣炸鍋炸籃放入烘焙紙，將麵線盡量平鋪，以 160 度烤 5 分鐘後，翻面再烤 5 分鐘。

4. 盛盤放涼後香酥脆口。

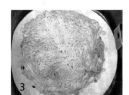

 (*Tips*)　香酥點心脆麵非常的簡單好吃，且各種調味料都很百搭，可以自行加入喜歡的口味，甜鹹都很適合，是個簡單方便的小點心。

Cook more **廣式炒麵**　　　　　　　　　　RECIPE 14

煮一些時蔬百匯醬料淋上去，搭上香脆的麵，就是可口的廣式炒麵。

・**時蔬百匯醬料**
　季節時蔬 100g、橄欖油 1 大匙、醬油 2 大匙、蕃茄醬 1/2 大匙、白砂糖 1/2 大匙、鹽巴 1/4 小匙、水 200ml，將所有材料混合以小火煮滾即完成。

2

熱炒料理

RECIPE 15

沙茶蔥爆牛肉

材料（2 人份）

牛肉片 150g	調味料	醃料
蔥約 3 根	沙茶 2 大匙	醬油 1 小匙
蒜末 5g	醬油 1 大匙	米酒 1 大匙
橄欖油 1 大匙	水 2 大匙	五香粉 ½ 小匙
		胡椒粉 ½ 小匙
		太白粉 1 大匙

作法

1. 蔥切段備用。

2. 牛肉片加入醃料攪拌，醃約 15 分鐘。

3. 將蒜末、蔥白、橄欖油放入氣炸鍋外鍋，以 180 度氣炸 3 分鐘爆香。

4. 放入醃好肉片，加入調味料，拌勻後再以 180 度炸 8 分鐘。

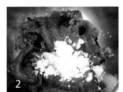

5. 最後加入蔥段攪拌，再回鍋以 180 度氣炸 2 分鐘完成。

(Tips) 作法 4 中，氣炸鍋時間可設定為 180 度 10 分鐘，待過 2 分鐘後，將外鍋拉開放入蔥段攪拌，再推回氣炸鍋讓剩餘時間繼續氣炸完畢即可。

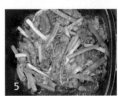

RECIPE 16

三杯雞

材料（2～3 人份）

去骨雞腿切塊 350g
老薑片 5～6 片
辣椒（切片）1 條
蒜片 6～7 瓣
九層塔 20g

調味料
胡麻油 3 大匙
米酒 3 大匙
醬油 3 大匙
白砂糖 1 小匙
白胡椒粉少許

作法 ————

1. 去骨雞腿肉切塊，以滾水川燙 30 秒，去血水。

2. 胡麻油及老薑片放入外鍋以 180 度炸 3 分鐘。

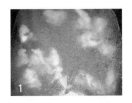

3. 加入雞腿塊、米酒、醬油、白砂糖、胡椒粉攪拌後，先以 180 度炸 5 分鐘。

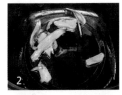

4. 打開攪拌並且加入蒜頭及辣椒片，再以 180 度炸 5 分鐘。

5. 最後加入九層塔攪拌，稍微悶一下即可。

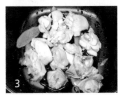

Tips 運用相同的料理方式，將食材改為中卷或杏鮑菇，即變成三杯中卷、三杯杏鮑菇，豐富餐桌菜色，可以試試看唷！

43

180℃
8min

RECIPE 17

椒鹽皮蛋

材料（2 ～ 3 人份）

皮蛋 5 顆	調味料	裹粉
蔥（切蔥花）1 根	胡椒鹽	太白粉
辣椒（切碎）適量		
橄欖油適量（噴油用）		

作法

1. 皮蛋先用電鍋蒸或滾水 15 分鐘煮熟。因為皮蛋蛋黃是膏狀，一定要蒸煮熟，才能切開炸。

2. 將一顆皮蛋切四瓣，備用。

3. 將皮蛋均勻裹上太白粉。

4. 將皮蛋平鋪於炸籃中並均勻噴上油，再以 180 度炸 8 分鐘。

5. 完成裝盤，灑上蔥花、辣椒碎及胡椒鹽即完成。

Cook more **泰式椒麻皮蛋**　　　　　　　　RECIPE 18

醬油 2 大匙、魚露 1 大匙、水 2 大匙、辣椒碎 1 小匙、蒜頭碎 1 小匙、細砂糖 1 大匙、花椒粉 1/2 小匙、香油少許調和在一起，最後加入檸檬 1/2 顆擠成汁及適量香菜拌勻即可。直接淋在皮蛋上，酸甜椒麻香氣撲鼻，非常開胃下飯。泰式椒麻醬汁亦可搭配各種料理，例如氣炸豬排或者雞腿排。

180℃
3 10min
˅
200℃
3min

RECIPE 19

宮保雞丁

材料（2 人份）

雞胸肉 300g	調味料 A	調味料 B	醃料
蒜味花生 50g	醬油 2 大匙	烏醋 1 小匙	醬油 2 大匙
蔥（切段）2 根	米酒 2 大匙	香油適量	米酒 1 大匙
乾辣椒（切段）15g	白砂糖 1 小匙		香油 1 小匙
橄欖油 2 大匙	白胡椒粉少許		白胡椒粉 ¼ 小匙
			水 2 大匙
			太白粉 ½ 大匙

作法 ——

1. 雞胸肉切塊加入醃料順時鐘拌勻約 2 ～ 3 分鐘，至少冷藏 1 小時備用。

2. 外鍋加入橄欖油、切段的蔥、乾辣椒拌勻，以 180 度炸 3 分鐘爆香。

3. 加入備用雞胸肉塊及調味料 A 拌勻，以 180 度炸 10 分鐘，過程需拉出攪拌 1 ～ 2 次。

4. 加入蒜味花生拌勻，以 200 度回炸 3 分鐘，起鍋前加入調味料 B 拌勻即完成。

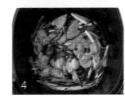

RECIPE 20

炒三鮮

材料（2 人份）

材料 A	材料 B	調味料 A	調味料 B
蝦仁 100g	蒜末 1 大匙	鹽 1 小匙	太白粉水適量
花枝 100g	洋蔥（切絲）20g	白砂糖 1 小匙	香油 1 小匙
中卷 100g	芹菜 30g	米酒 1 大匙	
小黃瓜（切滾刀塊）20g	蔥（切段）2 根	白醋 1 小匙	
玉米筍（切小塊）20g	橄欖油 1 大匙		
彩椒切片 20g			
紅蘿蔔（切片）5 〜 6 片			

作法 ─

1. 將材料 A 以滾水川燙 30 秒撈起備用，其中玉米筍如果喜歡吃熟一點，可以多川燙 1 〜 2 分鐘。

2. 外鍋加入橄欖油、蒜末、洋蔥絲，以 180 度氣炸 3 分鐘爆香。

3. 再將川燙過的材料 A、芹菜、蔥及調味料 A 一起拌勻，再以 180 度氣炸 5 分鐘。

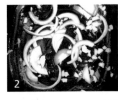

4. 拉開氣炸鍋加入適量太白粉水拌勻後，設定 180 度氣炸 2 分鐘勾薄芡。

5. 起鍋前淋上香油即可。

Tips　海鮮的熟成速度很快，剛剛好熟是最好吃的，所以氣炸烹調時間不能太長，也要注意不要沒有煮熟就食用，烹飪時間請依照自己的份量及熟成斟酌調整。

180℃
3min
∨
140℃
8min

RECIPE 21

腐乳高麗菜

材料（2 人份）

高麗菜 200g

辣椒（切段）1 條

蒜片 1 小匙

橄欖油 1 大匙

調味料

豆腐乳 3 塊

香油 1 小匙

水 3 大匙

作法 ─────────────

1. 高麗菜切片洗淨備用。

2. 橄欖油及蒜片放入外鍋，以 180 度炸 3 分鐘爆香。

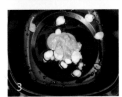

3. 將豆腐乳碾碎加入。

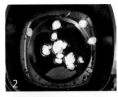

4. 加入高麗菜、辣椒及水攪拌，設定 140 度炸 8 分鐘，中間
需拉開攪拌 2 ～ 3 次，起鍋前淋上香油即完成。

 Tips　爆香辛香料可以依個人喜好做調整，如果沒有爆香辛香料習慣，也可以直接水炒青菜。少油，多一點水分，溫度可以調整至 160 ～ 180 度比較高溫，炒青菜時間可能只需要 5 ～ 8 分鐘，重點是務必在氣炸的過程中，要拉出來攪拌 2 ～ 3 次，讓青菜均勻碰到水分，才會受熱均勻，跟開火熱炒一樣好吃。

180℃

3 ▸ 3min

RECIPE 22

蔭豉鮮蚵

材料（2 人份）

材料 A	材料 B	裹粉
鮮蚵 300g	豆豉 2 大匙	地瓜粉適量
蔥（切蔥花）2 根	醬油 1 小匙	
辣椒（切碎）1 條	米酒 1 大匙	
薑末 ½ 大匙	胡椒粉 1 小匙	
蒜末 1 大匙	香油 1 小匙	
橄欖油 2 大匙		

作法 ————

1. 鮮蚵洗淨沾地瓜粉，以滾水川燙約 20 秒，撈起瀝乾備用。

2. 蔥、薑、蒜、辣椒丁、橄欖油放入外鍋拌勻，以 180 度氣炸 3 分鐘爆香。

3. 加入豆豉、醬油、米酒、胡椒粉拌勻。

4. 加入備用鮮蚵小心拌勻，以 180 度氣炸 3 分鐘，淋上香油，即完成。

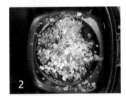

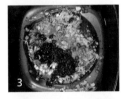

Tips　辛香料爆香更能釋放味道，不介意或者懶人操作的也可以不爆香，直接加入豆豉等其他調味料拌勻一次完成。

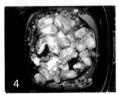

180℃

3 ▸ 2 ▸ 1
▸ 5 ▸ 2min

麻婆豆腐

材料（2 人份）

雞蛋豆腐 1 盒	調味料 A	調味料 B
豬絞肉 50g	辣豆瓣醬 2 大匙	太白粉水適量
蔥（切蔥花）2 支	蕃茄醬 1 小匙	香油 1 小匙
紅袍花椒粒 1 大匙	米酒 1 大匙	
薑末 1 小匙	白砂糖 1 小匙	
蒜末 1 小匙	醬油 1 小匙	

作法 ──────

1. 雞蛋豆腐一盒切 18 塊（對半切，再各切 9 塊），備用。

2. 烘烤鍋（或外鍋）放入橄欖油 2 大匙（食材外）、花椒粒，以 180 度氣炸 3 分鐘爆香後取出花椒粒。

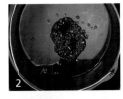

3. 加入薑末、蒜末、豬絞肉拌勻，以 180 度氣炸 2 分鐘。

4. 將調味料 A 全部加入及水 1 大匙（食材外）拌勻，以 180 度氣炸 1 分鐘，炸出醬料的香味。

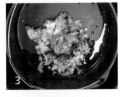

5. 加入水 2 大匙（食材外），及切塊雞蛋豆腐，輕輕拌勻使醬料包覆，以 180 度氣炸 5 分鐘，中途需拉開攪拌 2 ～ 3 次，使豆腐均勻入味。

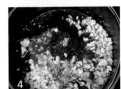

6. 加入太白粉水勾芡，以 180 度氣炸 2 分鐘，起鍋前淋上香油，灑上蔥花即完成。

Tips

1. 作法 2 是煉花椒油，如果有花椒油，也可跳過，直接到作法 3 爆香辛香料。

2. 雞蛋豆腐本身就帶有鹹味，因此調味部份不要下太鹹，使用傳統的板豆腐也可以料理，鹹度則要稍微增加許些。

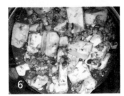

180℃
3▸3
▸3▸3min

泰式打拋豬

材料（4 人份）

豬絞肉 300g

小蕃茄（切半）8 ～ 10 顆

蒜末 1 大匙

薑末 1 小匙

九層塔 20g

辣椒（切碎）1 條

調味料

醬油 1 大匙

米酒 1 大匙

魚露 ½ 大匙

白砂糖 1 小匙

檸檬汁 1 大匙

作法

1. 氣炸鍋外鍋放入豬絞肉，以 180 度氣炸 3 分鐘。

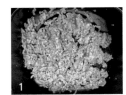

2. 加入蒜末、薑末、辣椒碎及米酒拌勻，以 180 度氣炸 3 分鐘，可去肉的腥味。

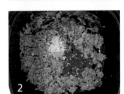

3. 加入切小碎塊的蕃茄，及醬油、魚露、糖後拌勻，以 180 度氣炸 3 分鐘。

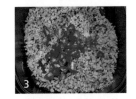

4. 最後放入檸檬汁、九層塔拌勻，再以 180 度氣炸 3 分鐘。

 Tips

1. 分層加入食材氣炸，可各自釋放食材的香味，口感層次較豐富。

2. 喜歡蕃茄香多一點，可以先 180 度氣炸 3 ～ 5 分鐘備用。

Cook more **瓜仔肉**　　　　　　　　　　RECIPE 25

準備絞肉 300g，以及醬油 1 小匙、胡椒粉 1 小匙、米酒 1 大匙，蔥適量、蒜末適量、薑末適量，脆瓜 1 瓶（使用脆瓜水半瓶即可），全部攪拌均勻後放入氣炸鍋以 180 度氣炸 10 分鐘，中途需拉出來攪拌 2 ～ 3 次即完成。

180℃
5▸5 2min

RECIPE 26

韓式辣炒年糕

材料（3 人份）

年糕條 300g
韓國魚板片 100g
洋蔥 ¼ 個
青蔥（切段）2 根
彩椒（切段）半顆
乳酪絲 50g
橄欖油 2 大匙

調味料
韓國辣椒粉 1 大匙
醬油 1 大匙
蜂蜜 1 大匙
黑糖 1 大匙
水 4 大匙

作法

1. 年糕先以滾水滾煮 3 ～ 5 分鐘，撈起備用。調味料拌勻成為基礎韓式辣椒醬備用。

2. 氣炸鍋外鍋放入橄欖油、洋蔥、魚板、彩椒，先以 180 度氣炸 5 分鐘，中間需拉出來攪拌一下。

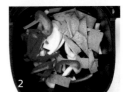

3. 加入年糕、蔥段、調製好的韓式辣椒醬 3 大匙，以 180 度氣炸 5 分鐘，中間需拉出來攪拌 1 ～ 2 次，讓醬料附著年糕更均勻。

4. 加入乳酪絲拌勻，以 180 度氣炸 2 分鐘即可。

 Tips　如果沒有要加起司，在作法 3 已經完成可以盛盤直接享用。

Cook more **氣炸年糕**　　　　　　　　　RECIPE 27

長條年糕使用竹籤串起備用。在炸籃內放入烘焙紙，放上年糕，噴上些許的油，先以 160 度氣炸 5 分鐘，翻面再炸 5 分鐘。盛盤後，灑上些許花生糖粉，再搭配一些堅果碎，簡單美味的下午茶即完成。

180℃
7▸8min
∨
180℃
3▸5▸5min

RECIPE 28

醬燒麵腸

材料（2～3人份）

麵腸 4～5 條	調味料
薑（切絲）5g	醬油 2 大匙
蔥（切蔥花）1 大匙	米酒 2 大匙
橄欖油 1 大匙	細冰糖 1 小匙
	胡椒粉 1 小匙
	鹽 1 小匙
	香油 1 小匙

作法

1. 麵腸手撕厚圈狀，均勻的在每一面噴上油（食材外）、盡量平鋪放入炸籃中。

2. 以 180 度氣炸 7 分鐘，拉出來翻面後再炸 8 分鐘，完成後取出備用。

3. 氣炸鍋放入橄欖油及薑絲，以 180 度氣炸 3 分鐘爆香。

4. 加入備用麵腸，及其他調味料（香油除外）攪拌均勻，以 180 度氣炸 5 分鐘，拉開攪拌後再炸 5 分鐘。

5. 起鍋前淋上香油拌勻，放上蔥花即完成。

Tips

1. 因為要做醬燒吸取醬汁，作法 2 不需要氣炸到很酥脆，差不多有 Q 又有一點脆就好。

2. 麵腸很會吸水吸油，醬燒要入味可以視情況再氣炸久一點。如果喜歡辣味的可以一起加入氣炸；如果要加香菜、九層塔需在起鍋前加入且拌一下就好。

Cook more **椒鹽麵腸**　　　　　　　　　　RECIPE 29

將麵腸手撕成厚圈圈狀，均勻噴上油且拌勻，以 180 度氣炸 15 分鐘以上，想要多酥就再加時間，每過 3～5 分鐘可以拉出來翻面並且看一下酥脆度。完成後只要撒上胡椒鹽就很好吃，也可加上香菜、九層塔增加香氣，素食朋友可不添加蔥花。

170℃
7min
∨
180℃
3 ▸ 5 ▸ 2min

RECIPE 30

生菜蝦鬆

材料（3～4 人份）

草蝦仁 10 尾	蒜末 5g	醃料
荸薺（切丁）4 顆	蔥（切蔥花）1 根	鹽巴 ¼ 小匙
洋蔥（切丁）½ 顆	美生菜 ¼ 顆	米酒 1 小匙
芹菜（切末）1 支	油條 1 根	白胡椒粉 ¼ 小匙
薑末 5g	橄欖油 2 大匙	

作法 ──

1. 美生菜葉撥下洗淨後，瀝乾水分，備用。

2. 草蝦仁抓鹽去腸泥，洗淨後加入米酒，醃製約 10 分鐘備用。

3. 市售油條切段放入氣炸鍋，以 170 度氣炸 7 分鐘，即成為老油條，放涼後放入塑膠袋壓碎備用。

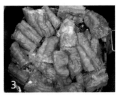

4. 使用氣炸鍋外鍋，加入橄欖油、洋蔥丁、蒜末、薑末，先以 180 度氣炸 3 分鐘爆香。

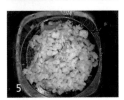

5. 加入蝦仁、荸薺丁、芹菜丁拌勻後，以 180 度氣炸 5 分鐘，中途需拉出攪拌 1～2 次讓食材受熱更均勻。

6. 最後放入蔥花及胡椒粉、鹽巴調味，再以 180 度氣炸 2 分鐘，拌入備用油條碎，即為蝦鬆餡。

7. 取出生菜盛入蝦鬆餡即可。

RECIPE 31

蕃茄炒蛋

材料（2 人份）

蕃茄（中的）2 顆	調味料
雞蛋 3 顆	蕃茄醬 2 大匙
橄欖油 3 大匙	鹽 ½ 小匙
蔥花 2 大匙	白砂糖 1 小匙
水 3 大匙	香油 ¼ 小匙

作法

1. 蕃茄劃刀，川燙去皮並切小塊備用。

2. 在氣炸鍋放入烘烤鍋，並加入橄欖油，設定 180 度炸 3 分鐘，預先熱油。

3. 打好的 3 顆散蛋加上少許的鹽，倒入烘烤鍋，因為油溫熱的，倒下去的蛋就開始熟了，此時以 180 度炸 3 分鐘，蛋熟速度非常快，大約過了 1 分鐘就可以拉開檢查，並且稍微攪拌將蛋打散，再繼續氣炸。

4. 連烘烤鍋一起取出預炸好的散蛋備用。

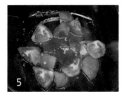

5. 氣炸鍋外鍋加入 1 大匙橄欖油（食材外）、切塊蕃茄設定 180 度氣炸 2 分鐘。

6. 加入調味料蕃茄醬、鹽、糖及水拌勻，設定 180 度氣炸 10 分鐘，中間需拉出來攪拌 1 ～ 2 次。

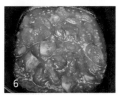

7. 加入備用散蛋，輕輕拌勻，設定 180 度氣炸 3 分鐘。

8. 起鍋前加入香油、蔥花即完成。

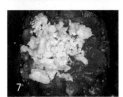

 (Tips)

1. 作法 3 可以根據自己想要的散蛋熟度先起鍋，因為要做番茄炒蛋，蛋不要太熟比較滑嫩。

2. 作法 6 蕃茄切小塊較容易熟，也可以視自己喜歡的軟硬口感增減時間及水分。

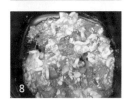

Cook more **氣炸蔥花散蛋**　　　　　　RECIPE 32

直接料理本作法 1、2、3，打散蛋時加入適量蔥花，根據自己喜歡的熟成度，設定 180 度氣炸 3 ～ 5 分鐘，中途拉出來稍微攪拌 1、2 次，將蛋打散，就可以直接完美上桌唷。

180℃
2▸2▸2min

蒜香炒水蓮

材料（2 人份）

水蓮 1 包約 200g

大蒜（切片）3、4 瓣

紅辣椒少許

蔥段少許

過濾水 60ml

米酒 2 茶匙

橄欖油適量（噴油用）

調味料

玫瑰鹽適量

黑胡椒粒適量

作法 ————————

1. 先將水蓮洗淨後切段，放入氣炸鍋中。

2. 倒入過濾水將水蓮稍微翻攪一下，並均勻噴上橄欖油，再放入玫瑰鹽、黑胡椒粒調味。

3. 以 180 度烤 6 分鐘，過程中每 2 分鐘需拉開翻攪，最後 2 分鐘加入蔥段、蒜片、米酒，喜歡有辣度的可以切入些許紅辣椒增加風味，繼續完成氣炸。

Tips 水蓮容易失去水份，清洗後可先泡在過濾水中幾分鐘，讓水蓮恢復水潤再切段，再放入氣炸鍋氣炸。

RECIPE 34

辣椒豆豉菜脯

材料（2 ～ 3 人份）

菜脯碎 150g	調味料
辣椒（切碎）4 ～ 5 條	橄欖油 2 大匙
豆豉 15g	香油 1 小匙
	米酒 2 大匙
	白砂糖 2 小匙
	白胡椒粉 ¼ 小匙

作法 ────────────

1. 菜脯碎泡水 20 ～ 30 分鐘瀝乾備用。

2. 氣炸外鍋加入橄欖油及香油，放入菜脯碎拌勻，以 180 度氣炸 3 分鐘，將菜脯炒微乾。

3. 加入辣椒碎、豆豉、米酒、糖、白胡椒粉拌勻，以 180 度氣炸 5 分鐘，中途拉開攪拌 2 ～ 3 次即完成。

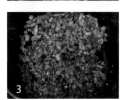

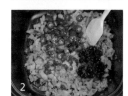

Cook more **菜脯辣炒小魚乾**　　　　　RECIPE 35

除了上列原有食材外，可以多準備小魚乾約 50g，洗淨瀝乾後，先用氣炸鍋以 180 度 5 分鐘炒乾備用，再依照作法 3 一起加入小魚乾拌炒。小魚乾利用氣炸鍋烘烤過，香味十足，搭配菜脯、辣椒，十分開胃下飯。

3

肉
料
理

200℃
2▶2min
⌄
150℃
3min

RECIPE 36

烤牛小排佐時蔬

材料（2 人份）

牛小排約 400g
大蒜 1 球
洋蔥絲 1 把
玉米筍 1 盒

調味料
玫瑰鹽適量
黑胡椒粒適量

作法

1. 冷凍牛小排先用煎鍋大火煎到兩面微微金黃。

2. 在氣炸鍋炸籃裡先放入切好的洋蔥絲、大蒜粒、玉米筍、切片的蒜粒，並放上烤架。

3. 在烤架上面排放牛小排，灑上帶皮蒜粒及玫瑰鹽、黑胡椒粒。

4. 以 200 度烤 2 分鐘，接著翻面灑上調味料，繼續烤 2 分鐘。

5. 移出牛小排，靜置 5 分鐘，炸籃內的蔬菜吸收滴下來的牛小排油脂，攪拌一下再以 150 度氣炸 3 分鐘。

牛小排加入蒜頭一起炸，讓牛小排的味道更豐富、更有層次，蔬菜類放在最底層吸收油脂後，氣味十分香甜，將氣炸鍋做多層次的運用，可以一次處理所有的食材，節省不少時間。

140℃
8min
∨
200℃
4min

RECIPE 37

香烤優格雞胸

材料（2 人份）

雞胸肉約 250g
地瓜粉 1 米杯
麵包粉 1 米杯
馬修無糖優格 3 大匙
橄欖油 10ml（噴油用）

調味料
玫瑰鹽少許
五香粉少許
蒜粉少許
白胡椒粉少許
黑胡椒粉少許
迷迭香少許

作法

1. 將雞胸肉切成適口大小，加入無糖優格與調味料，放進保鮮盒中醃一個晚上。

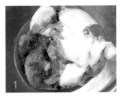

2. 將醃好的雞胸肉均勻裹上地瓜粉後，等反潮，約 10 ～ 15 分鐘。

3. 將反潮後的雞胸肉，均勻包裹麵包粉。

4. 將雞胸肉放入氣炸鍋，使用噴油瓶將表面均勻噴油，以 140 度烤 8 分鐘，拉開翻面噴油，再以 200 度烤 4 分鐘搶酥。

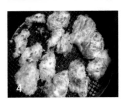

 Tips　使用優格醃雞胸肉，肉質可保持香嫩可口，炸出來的雞胸肉有淡淡的奶香味，十分濃郁爽口。

180℃

6 ▶ 6 ▶ 6min

鹽酥雞

材料（2 人份）

雞胸肉 200g	醃料	沾醬	裹粉
辣椒（切碎）1 條	醬油 2 大匙	胡椒鹽	地瓜粉
蒜末 1 大匙	米酒 1 大匙		
九層塔 20g	五香粉 ½ 小匙		
橄欖油適量（噴油用）	胡椒粉 ½ 小匙		
	白砂糖 ½ 小匙		
	橄欖油 1 小匙		
	水 2 大匙		

作法 ─────

1. 雞胸肉切塊成丁，加入醃料攪拌抓勻，冷藏 1 小時以上。

2. 雞丁裹上地瓜粉靜置等反潮，再均勻噴上油。

3. 氣炸鍋炸籃鋪上烘焙紙，將裹粉雞丁平鋪，以 180 度氣炸 6 分鐘，拉開翻面補噴油，再氣炸 6 分鐘。

4. 拉開再加入辣椒、蒜末拌勻，再以 180 度氣炸 6 分鐘。

5. 最後加入九層塔攪拌均勻，推回氣炸鍋利用餘溫悶約 1 分鐘即可。

6. 灑上胡椒鹽並且盛盤，搖一搖即完成。

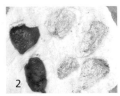
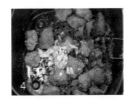

Tips

1. 若喜歡更酥脆的口感，作法 3 可改用 200 度氣炸 3 分鐘，讓地瓜粉更酥脆。

2. 九層塔不適合用氣炸鍋炸，會黑掉不好看，盡量利用氣炸鍋餘溫悶熟即可。

3. 使用烘焙紙墊底可以降低裹粉雞肉沾黏炸籃，待氣炸數分鐘定型後，再抽掉烘焙紙回炸，可過濾多餘油脂。

180℃
5▶5min

古早味炸排骨

材料（2 ～ 3 人份）

豬里肌肉 3 片（約手掌大）　　　　　醃料　　　　　　　　　裹粉
橄欖油適量（噴油用）　　　　　　　醬油 2 大匙　　　　　樹薯粉
　　　　　　　　　　　　　　　　　米酒 2 大匙
　　　　　　　　　　　　　　　　　蒜末 1 小匙
　　　　　　　　　　　　　　　　　白砂糖 ¼ 小匙
　　　　　　　　　　　　　　　　　五香粉 ¼ 小匙
　　　　　　　　　　　　　　　　　胡椒粉 ¼ 小匙
　　　　　　　　　　　　　　　　　太白粉 1 大匙

作法 ——————

1. 將排骨肉用肉鎚拍一拍，加入醃料按摩一下肉片，冷藏一晚。

2. 醃好的排骨直接均勻裹上樹薯粉，稍微壓一下粉，靜置反潮。

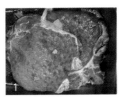

3. 將排骨放入氣炸鍋，還有白色粉的地方稍微噴一點油，設定 180 度氣炸 5 分鐘，拉開翻面再炸 5 分鐘，如果底部有白色的粉，再噴一點油，繼續氣炸即完成。

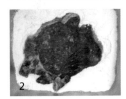

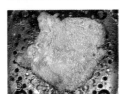

Tips　肉排的厚薄度會影響氣炸需要的溫度與時間，氣炸後可以用竹籤或者叉子刺入肉中心，若刺穿則熟透，若未刺穿則可再氣炸 3 ～ 5 分鐘。

120℃
20▸20
▸20min
⌄
180℃
5min

沙茶手扒全雞

材料（3～4 人份）

全雞約 1.3～1.5 公斤
剝皮蒜頭 15 顆
蔥 3 條
薑片 5～6 片

調味料

胡椒鹽適量

醃料

醬油 5 大匙
米酒 3 大匙
五香粉 1 大匙
白砂糖 2 大匙
沙茶 2 大匙

作法

1. 將醃料拌勻，均勻塗抹按摩在全雞每一面，冷藏醃製 12 小時以上。

2. 將蒜頭、蔥、薑從雞的尾巴放進去，雞腳也塞進去，並以牙籤封口。

3. 將全雞放入氣炸鍋以 120 度烘烤 60 分鐘，其中每 20 分鐘拉開翻面，並且刷上醃料繼續烘烤，需刷三次。

4. 最後翻面上醬料，並以 180 度烘烤 5 分鐘，讓雞表皮上色。

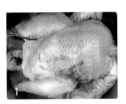

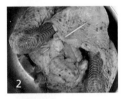

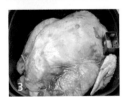

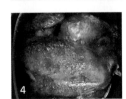

Tips 透過氣炸鍋濾下來的雞油湯汁，可以作為食用時沾醬，或者是拌飯、炒青菜，都非常的好吃。

Cook more 義式烤全雞   RECIPE 41

準備醃料：醬油 4 大匙、白酒 3 大匙、水 2 大匙、奧勒岡葉 1 大匙、迷迭香 1 大匙、鹽 1 大匙、白砂糖 3 大匙、粗粒黑胡椒 2 大匙，將調味料調和均勻，與全雞按摩醃製至少一晚，另準備洋蔥切段、蒜頭粒適量填入雞尾巴封口，再依作法 3 與作法 4 氣炸即完成。

160℃
7min
∨
180℃
5min

日式起司豬排

材料（4 人份）

里肌肉切片 8 片
起司 4 片

調味料
鹽適量
白胡椒粉適量

日式豬排沾醬
醬油 20ml
蕃茄醬 50ml
烏醋 50ml
醬油膏 30ml
味醂 30ml
白砂糖 20ml
水 20ml
所有材料混合以中火煮滾即可

裹粉
低筋麵粉適量
蛋液適量
麵包粉適量

作法

1. 里肌肉切片約 1 公分厚度，可使用廚房紙巾將表面水吸乾。

2. 用肉鎚拍打成約 0.3 ～ 0.5 公分薄片，並在上面劃幾刀，目的在於將肉的纖維打散，吃起來口感會更軟嫩。

4

3. 將每一塊肉排灑上一點鹽及胡椒粉調味。

4. 取一片處理好的肉排，再放上起司片，四周沾上一點麵粉，再疊上一片豬排黏合。

5

5. 黏合好的豬排，兩面先沾上一層薄麵粉，再沾上蛋液，最後再沾上麵包粉，靜置 10 ～ 20 分鐘。

5

6. 將豬排均勻噴上油，放入鋪了烘焙紙的氣炸鍋炸籃，先以 160 度氣炸 7 分鐘，翻面將烘焙紙取出，再以 180 度氣炸 5 分鐘，即完成。

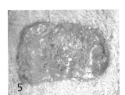

7. 切一些高麗菜絲，將炸好的豬排放在上面，淋上日式豬排醬，並撒上鹽、白胡椒粉，完美豬排即可上桌。

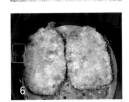
6

Tips

1. 作法 5 的蛋液要打均勻，麵包粉會更扎實黏附。

2. 起司豬排因為肉片打很薄，因此烹調時間不需要太長，如果單純炸豬排的，還是要判斷豬排的厚度來調整烹調時間，可以用竹籤刺入看是否有全熟喔！

160℃
30 ▸ 30min

蜂蜜香料豬肋排

材料（2 人份）

豬肋小排約 2 斤
薑（切片）1 塊
大蒜（切片）5 顆
蔥（切成蔥花）4 支

調味料

八角 6 顆
花椒 5g
蜂蜜 20ml
醬油 50ml
米酒 50ml
糯米醋 30ml
雞高湯 200ml

作法

1. 將豬小排洗乾淨擦乾後，撒上玫瑰鹽與黑胡椒（食材外）備用。

2. 取一熱油鍋，將豬小排雙面煎至金黃色。

3. 轉中火，將薑片、蒜片、八角、花椒、蜂蜜、醬油、米酒、糯米醋一同放入鍋中燉煮。

4. 倒入雞高湯與蔥花再大火煮滾。

5. 全部倒入氣炸鍋的內鍋中，豬小排擺放整齊以 160 度烘烤 30 分鐘。

6. 將豬小排翻面再以 160 度烘烤 30 分鐘即可。

Tips 氣炸好的豬小排，可以連同醬汁冷藏一晚。隔天要食用時再使用氣炸鍋加熱會更美味。

160℃
10 ▶ 10min

RECIPE 44

紅麴豬五花

材料（3 ～ 4 人份）

帶皮豬五花肉 1 條
橄欖油適量（噴油用）

醃料
紅麴醬 3 大匙
醬油 1 大匙
紹興酒 1 大匙
白砂糖 1 小匙
蒜頭 1 小匙
胡椒粉 ½ 小匙
五香粉 ½ 小匙
水 2 大匙
香油 ½ 小匙

裹粉
地瓜粉適量

作法

1. 將醃料調勻，把帶皮豬五花肉切半冷藏醃 12 小時以上。

2. 醃好的豬五花肉稍微去除表面醃料，均勻壓上地瓜粉。

3. 將多餘的粉拍掉，並且放置反潮約 10 ～ 15 分鐘。

4. 氣炸鍋炸籃裡鋪上烘焙紙，放上豬五花肉，若表面還有白色
   粉末的地方，噴上一點油，使其沾附。

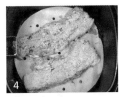

5. 先用 160 度炸 10 分鐘，翻面，若有白色粉末的地方，一樣
   再噴上一點油，拿掉烘焙紙，再以 160 度炸 10 分鐘。

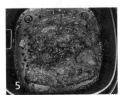

6. 炸好的豬五花肉切片上菜，灑上點香菜，即可美味上桌。

Tips

1. 需依實際肉的厚薄度調整炸的時間，肉類可用 160 度
   預炸，最後再以 180 度氣炸 3 ～ 5 分鐘搶酥逼油。

2. 喜歡酒香濃厚一點的，可以在醃製時多放一些酒。

160℃
5▸3min
⌄
180℃
2min

烤味噌雞腿排

材料（2人份）

去骨雞腿排 2 隻
（200g/ 隻）

調味料
味噌 2 茶匙
醬油 1 茶匙
味醂 2 茶匙
米酒 1 茶匙
白砂糖 ½ 茶匙

作法

1. 將 2 隻雞腿排先用刀輕劃雞肉面幾刀後，並將全部調味料和雞腿放入保鮮盒醃製一天。

2. 將雞腿排放入氣炸鍋，雞皮面先向上，以 160 度烤 5 分鐘，翻面再烤 3 分鐘，接著再翻面以 180 度烤 2 分鐘將雞皮上色，就可食用。

Tips
1_ 雞肉面劃刀可使雞腿排在氣炸時較不會整塊肉縮起來。

2_ 運用烤架，可在下層先鋪滿小黃瓜或喜歡的蔬菜，上層再放雞腿排，烤 8 分鐘時可將蔬菜先夾起，再續烤雞排，完成時一次就有兩道食材可以吃囉！

RECIPE 46

菲力牛排

180℃
7min

材料（1 人份）

菲力牛排 400g
橄欖油適量

調味料
玫瑰鹽適量
粗粒黑胡椒適量
迷迭香適量

作法

1. 將牛排解凍後擦乾，兩面灑上玫瑰鹽與黑胡椒。

2. 平底鍋倒入橄欖油，產生油煙後，牛排輕輕放下煎約 1 分鐘，再翻面煎 1 分鐘，每面煎至焦脆。

3. 牛排煎好後，與迷迭香放入氣炸鍋中，以 180 度烘烤 7 分鐘。

4. 完成後靜置 10 分鐘後呈盤。

Tips

1. 將牛排先用高溫將表面煎至金黃微焦，可以將肌肉纖維組織硬化。如果沒有作這個作法，整塊牛排像是海綿一樣，遇到急速的溫度變化，裡頭的肉汁將會大量流失出來！

2. 牛排解凍時可以泡在橄欖油裡，避免肉汁流失。

3. 牛排擦乾就好，千萬不可用水洗，會流失風味。

4. 可以灑上蒜片增加風味。

180℃
15min

紅燒獅子頭

氣炸獅子頭

材料（3 ～ 5 人份）

豬絞肉 600g	醃料
洋蔥半顆	醬油 2 大匙
荸薺 5 個	薑末 1 小匙
乾香菇 2 朵	白胡椒粉 ½ 小匙
蔥 2 根	鹽 ½ 小匙
雞蛋 1 顆	紹興酒 1 大匙
太白粉 1 小匙	水 4 大匙

作法

1. 乾香菇泡水備用。

2. 豬絞肉用刀再剁 1 ～ 2 分鐘，肉會出一點黏性，也會更綿密。

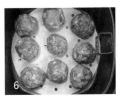

3. 將荸薺、洋蔥、泡好的乾香菇、蔥都切碎，並加入剁好的豬絞肉。

4. 加入所有醃料，順時鐘攪拌，並陸續加入水，讓肉將醃料及水分完全吸收，炸起來的肉才會水嫩。

5. 加入雞蛋、太白粉拌勻，將絞肉拿起往鍋內多甩幾次，重複動作約 1 ～ 2 分鐘。

6. 將餡料滾成圓球狀，一顆約 30 ～ 40g，放入冷凍約 30 分鐘塑形。

7. 將獅子頭放入氣炸鍋，噴點油，以 180 度氣炸 15 分鐘。

Tips 可簡單製作紅燒百匯醬料淋上去即可上菜。百匯醬料：橄欖油 1 大匙、醬油 2 大匙、蕃茄醬 ½ 大匙、白砂糖 ½ 大匙、鹽巴 ¼ 小匙、水 200ml，將所有材料混合以小火煮滾即完成。

紅燒獅子頭

材料（3～5 人份）

橄欖油 2 大匙
蔥（切段）1 根
薑絲 10g
洋蔥（切粗絲）½ 顆
紅蘿蔔（切片）10g
發泡乾香菇（切絲）2 朵
白菜半顆

調味料

醬油 2 大匙
白砂糖 1 小匙
水適量

作法

1. 在鑄鐵鍋裡放入橄欖油、蔥段、薑絲、洋蔥絲、發泡乾香菇以小火爆香。

2. 加入白菜、紅蘿蔔、醬油、糖、適量水熬煮 20 分鐘以上。

3. 放入氣炸好的獅子頭，並用白菜葉覆蓋保護，以小火燉煮 30 分鐘以上即完成。

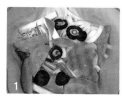

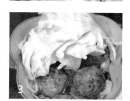

180℃
4▸4min

200℃
2min

RECIPE 48

香酥大腸頭

材料（4 人份）

大腸頭 1 條
香菜少許
蔥 1 枝
蒜粒（切片）5 顆

調味料
胡椒鹽少許

作法

1. 冷凍大腸頭稍微退冰約 10 分鐘，呈現微硬但可以切開的硬度，切適當長度後放入氣炸鍋。

2. 以 180 度烤 4 分鐘，拉開翻面再烤 4 分鐘，讓大腸頭受熱均勻。

3. 再以 200 度烤約 2 分鐘逼油，炸到表面酥脆，灑上胡椒鹽，再搭配小黃瓜切片一起享用，增加爽口度。

Tips　超搭料理
炸到酥脆的大腸頭，可買鴨血煲或蚵仔麵線一起搭配著吃。

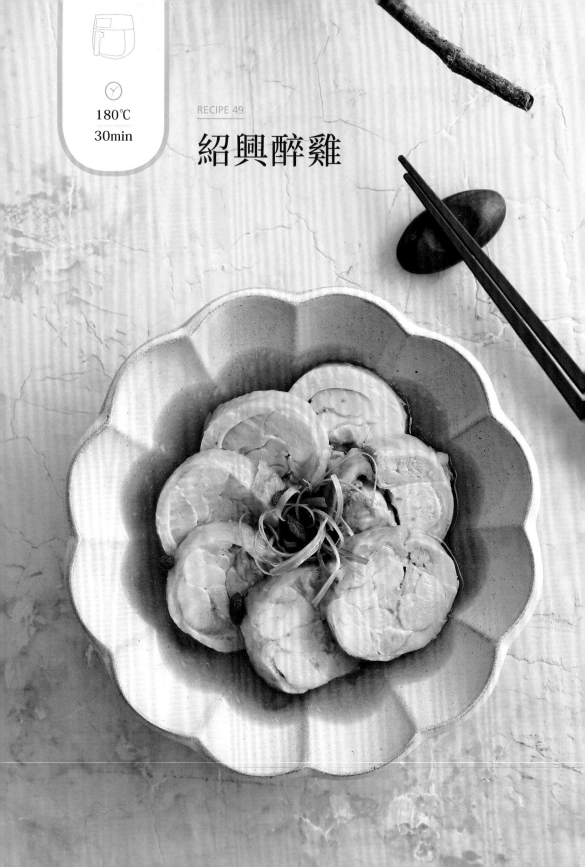

180℃
30min

紹興醉雞

材料（4 人份）

去骨雞腿排 4 片

醬汁

紹興酒 300ml　　　　人蔘鬚少許
開水 300ml　　　　　鹽 2 ～ 3 大匙
枸杞 10g　　　　　　冰糖 1 小匙
紅棗 5 顆
當歸 1 片

作法 ————

1. 將去骨雞腿排洗乾淨後，抹上鹽巴、紹興酒，放置 30 分鐘備用。醬汁混合備用。

2. 將雞腿肉用鋁箔紙捲起成圓筒狀，放入氣炸鍋中以 180 度烘烤 30 分鐘。

3. 烘烤結束，立刻將雞腿捲放入冰水中浸泡 10 分鐘增加肉質彈性。

4. 撕開鋁箔紙後，將雞腿捲泡入醬汁冷藏醃製一晚，要食用時拿出切片即可。

Tips　浸泡完的醬汁，可再放入煮熟的白蝦，醃製一晚作成紹興醉蝦。

180℃
10min
∨
200℃
5min

蜜香雞翅

材料（4 人份）

雞翅 10 隻

醬汁

大蒜適量　　　　　　　黑胡椒少許
薑少許　　　　　　　　蜂蜜 1 大匙
醬油 2 大匙　　　　　　米酒適量
鰹魚露 1 大匙　　　　　八角 1 顆
白砂糖 1 小匙

作法 ——————

1. 將雞翅洗乾淨，放置容器備用。

2. 將蜂蜜除外的所有調味料攪拌均勻。

3. 雞翅表面畫上數刀，浸泡調味料中，容器包上保鮮膜冷藏至少 4 小時。

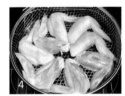

4. 在氣炸鍋內放入烤架，擺上烤網，將雞翅放上去以 180 度烘烤 10 分鐘。

5. 刷上蜂蜜翻面後，以 200 度烘烤 5 分鐘即可。

Tips

1. 冷藏醃製隔夜風味更佳。
2. 避免雞翅尖端燒焦，可以在尖端包上一層小小的鋁箔紙。

160℃
10▸3min

韓式泡菜豬五花

材料（2 人份）

豬五花 300g	調味料
韓式泡菜少許	秘傳烤肉醬 2 茶匙
	米酒 1 大匙
	黑胡椒少許

作法

1. 將豬五花肉用清水洗淨擦乾，放入保鮮盒中，倒入調味料醃製 10 分鐘。

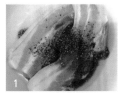

2. 將調味過的五花肉放入氣炸鍋以 160 度氣炸 10 分鐘，此時已經炸的又 Q 又香酥，可用剪刀剪成條狀，再拌入泡菜、蔥段攪拌，繼續氣炸 3 分鐘即完成。

Tips　豬五花切成條狀，可以很快逼出油脂並催熟，吃起來口感 Q 有嚼勁。搭配韓式泡菜與辣醬，包入美生菜當中，在家也可以享受韓國烤肉的樂趣喔！

160℃

10▸5min

∨

180℃

約 5min

RECIPE 52

香酥雞腿排

材料（2～3 人份）

去骨雞腿排 2 片	醃料	裹粉
橄欖油適量（噴油用）	醬油 2 大匙	地瓜粉
	米酒 2 大匙	
	白胡椒粉 1 小匙	
	水 2 大匙	

作法

1. 將所有醃料混合拌勻，放入去骨雞腿排，醃製 20～30 分鐘。

2. 取出雞腿排裹上地瓜粉，兩面都要壓一下，靜置等反潮約 10～20 分鐘後，在兩面噴上油，讓地瓜粉看起來沒有白白的，炸起來才會漂亮。

3. 炸籃內放入烘焙紙，雞皮朝下，雞肉朝上，先以 160 度氣炸 10 分鐘，翻面再炸 5 分鐘。

4. 最後再以 180 度炸 3～5 分鐘讓雞皮上色。

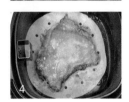

 Tips

1. 作法 1 可以適當幫雞肉按摩，讓醃料吸收飽滿，如果可以冷藏醃製 12 小時以上，炸出來更鮮嫩多汁。

2. 作法 4 高溫氣炸幾分鐘，能讓雞皮更酥脆，可依自己喜歡的口感調整氣炸時間。

180℃
約 12min

法式氣炸鴨胸

材料（2 人份）

鴨胸 1 片

調味料
玫瑰鹽適量
黑胡椒適量
迷迭香適量

醬汁
柳橙 1 顆
八角 1 顆
蜂蜜少許
白蘭地 10ml
番紅花 1g

作法

1. 將鴨胸擦乾後在表皮橫切數刀，兩面撒上少許玫瑰鹽、黑胡椒備用。

2. 將鴨胸放入平底鍋表皮朝下，開小火將鴨油逼出來，再開中火將兩面煎至金黃色。鴨油撈起來備用。

3. 在氣炸鍋內放入烤網，將鴨胸與迷迭香放上去，鴨皮朝上以 180 度烘烤 10 ～ 12 分鐘。

4. 將柳橙汁與少許柳橙皮、八角、蜂蜜、白蘭地、番紅花，放入小鍋煮至濃稠。

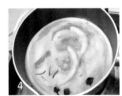

5. 鴨胸氣炸完成後室溫靜置 5 分鐘冷卻再切片。

6. 切片好的鴨胸淋上柳橙醬汁即可。

Tips　如果沒有番紅花可以省略不用。

Cook more　**炒泡麵**　　　　　　　　　RECIPE 54

備用的鴨油可與鳳梨、洋蔥、泡麵一起拌炒成炒泡麵，非常的美味！

160℃
35min

威靈頓牛排

材料（2 人份）

菲力牛排 400g
培根 5 片
酥皮 4 張
橄欖油適量

調味料
玫瑰鹽適量
粗粒黑胡椒適量
黃芥末適量
麵包粉適量

蘑菇醬
蘑菇 100g
栗子 5 顆
迷迭香 1 株
百里香 1 株
辣椒 1 根
松露醬 1 大匙

作法

1. 將牛排解凍後擦乾，兩面撒上玫瑰鹽與黑胡椒。

2. 平底鍋倒入橄欖油，產生油煙後，輕輕將牛排放下煎約 1 分鐘，再翻面煎 1 分鐘，每面煎至焦脆。靜置時立即塗上一層黃芥末醬備用。

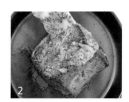

3. 將蘑菇與栗子、迷迭香放入調理機中打碎（用切碎的也可以），接著倒入平底鍋中用小火與辣椒拌炒，加入松露醬後將水分完全炒乾，並把蘑菇醬平鋪放涼備用。

4. 將保鮮膜平鋪在桌面上，依序把培根整齊擺好。

5. 將蘑菇醬塗在培根上面，撒上一層薄薄的麵包粉。

6. 將牛排放到培根的中心處，把保鮮膜捲起，讓培根緊實把牛排包裏住，放到冷凍室 20 分鐘定型備用。

6

7. 將保鮮膜平鋪在桌面上，把四張酥皮接合成一張 20cm x 20cm 左右，表面塗上一層蛋液。

6

8. 將牛排從冷凍取出並拆開保鮮膜，放到酥皮中心。把保鮮膜捲起，讓酥皮緊實把牛排包裏住，放到冷凍室 10 分鐘定型備用。

7

9. 取出酥皮牛排拆開保鮮膜，表面塗上一層蛋液。氣炸鍋內鍋鋪上一層烘焙紙，酥皮牛排以 160 度烘烤 35 分鐘至表皮呈現金黃色即可。

8

10. 烘烤結束，必須在室溫靜置 20 分鐘左右才可以切開。

9

Tips

1. 將牛排先用高溫將表面煎至金黃微焦，可以將肌肉纖維組織硬化。如果沒有作這個作法，整塊牛排像是海綿一樣，遇到急速的溫度變化，裡頭的肉汁將會大量流失出來！

2. 牛排擦乾就好，千萬不可用水洗，會流失風味。

3. 酥皮牛排塗上蛋液後，可以用刀背畫線增加美觀。

4. 烘烤前，可以在酥皮上面撒上少許的玫瑰鹽，烘烤後能增加酥脆感。

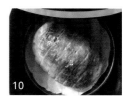
10

4

海鮮料理

180℃
25min

法式紙包鮭魚

材料（2 人份）

鮭魚 300g
櫛瓜（切片）半條
紅黃甜椒（切片）1 顆
生鮮迷迭香 2 小段

調味料
檸檬（切片）3 ～ 4 片
橄欖油 1 大匙
粗粒黑胡椒 ½ 小匙
玫瑰鹽 ½ 小匙
黑橄欖（切碎）4 顆
蒜末 3g
無鹽奶油 1 小匙

作法

1. 先用紙巾將鮭魚多餘的水分壓乾，在鮭魚兩面抹上少許玫瑰鹽，備用。

2. 取一大張烘焙紙，底部先鋪上 ⅔ 的備用彩椒、櫛瓜，再放上鮭魚，再將剩下的蔬菜及黑橄欖、檸檬片鋪上。

3. 灑上蒜末、黑胡椒粒、橄欖油、奶油，最後放上迷迭香，將烘焙紙密封包緊。

4. 放入氣炸鍋以 180 度烤 25 分鐘，即可美味上桌。

Tips 很多白肉都適合用此方式料理，可以選鱸魚、鱈魚、紅魽魚等。蔬菜部份可以自由選放，洋蔥、蘆筍、蕃茄都很適合。而香料部份亦可選用迷迭香或者百里香，如果有生鮮最佳，沒有的話改用乾燥的也可以。烘烤時間則是依魚肉的厚度調整，如果魚薄一點 15 ～ 20 分鐘就會熟透。

200℃
20min

鹽烤香魚

材料（2 人份）

香魚 2 條　　　　　　　　　調味料
橄欖油適量（噴油用）　　　玫瑰鹽適量
　　　　　　　　　　　　　黑胡椒粉適量
　　　　　　　　　　　　　七味粉少許
　　　　　　　　　　　　　檸檬少許

作法 ────────────

1. 將香魚清洗乾淨，用廚房紙巾擦乾，在魚鰭、魚尾抹上厚鹽
   巴，魚身撒上少許鹽巴。

2. 香魚單面灑上玫瑰鹽與現磨黑胡椒，用噴油瓶在魚身噴上少
   許橄欖油，放入氣炸鍋以 200 度烘烤 20 分鐘。

3. 擺盤後放上檸檬、灑上少許的七味粉增加香氣。

Tips

1. 清洗香魚時加入鹽巴搓洗，表面的黏膜可以洗的更乾
   淨。

2. 魚鰭、魚尾抹上一層厚鹽可以避免燒焦，成品會更好
   看。

3. 可以用竹籤從魚鰓刺進去，順著脊椎從魚尾出來，使
   香魚呈現 S 型。

4. 加點檸檬皮一起烤，可以增加清香，也有去腥的效果。

Cook more **氣炸秋刀魚**　　　　　　　　　RECIPE 58

將秋刀魚清洗乾淨，用廚房紙巾擦乾。魚尾抹上厚鹽巴，用
噴油瓶在魚身噴上少許橄欖油。將魚放入氣炸鍋內，以 180
度烘烤 15 分鐘。擺盤後灑上少許的七味粉以及檸檬汁增加
香氣。

180°C
7min
⌄
200°C
3min

RECIPE 59

胡椒蝦

材料（2 人份）

鮮蝦 1 斤
橄欖油適量（噴油用）

調味料
粗粒黑胡椒 3g
黑胡椒粉 3g
白胡椒粉 3g
鹽 3g
雞粉 3g

作法 ————————————————————————

1. 將鮮蝦以噴油瓶均勻噴上橄欖油。放入氣炸鍋中，以 180
   度烘烤 7 分鐘。

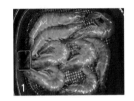

2. 完成後與所有調味料攪拌均勻。

3. 再放入氣炸鍋中，以 200 度烘烤 3 分鐘即可。

Tips
1. 蝦子表面噴油再氣炸，才會讓表面不會白化，增加色
   澤。

2. 擺盤前可以在盤子上抹上一些奶油，讓胡椒蝦的餘熱
   融化奶油，能增添香氣。

Cook more 檸檬蝦   RECIPE 60

將鮮蝦開背後以噴油瓶均勻噴上橄欖油，並放入氣炸鍋中，
以 180 度烘烤 7 分鐘。將蝦子取出之後與少許白胡椒粉、檸
檬汁 50ml、二砂糖 50g、米酒少許攪拌均勻。接著再放入氣
炸鍋中，以 200 度烘烤 2 分鐘，起鍋之後撒上蔥花即可。

· 攪拌時糖沒有融化完全是正常的，放入氣炸鍋中加熱，
  糖就可以完全融化了。

150℃
10min
∨
180℃
10min

RECIPE 61

鹽烤柳葉魚

材料（2 人份）

柳葉魚約 8～10 條
迷迭香少許
橄欖油適量（噴油用）

調味料
玫瑰鹽少許
粗粒黑胡椒少許
七味粉少許
米酒適量

作法

1. 將柳葉魚清洗乾淨，泡米酒備用去腥。

2. 在氣炸鍋內鋪上有洞的蒸籠紙，擦乾的柳葉魚平鋪排放，以噴油瓶在魚的兩面均勻噴上一層薄油。

3. 單面灑上玫瑰鹽與現磨黑胡椒，以 150 度烤 10 分鐘，再以 180 度烤 10 分鐘讓表面焦脆。

4. 擺盤後放上迷迭香、灑上少許的七味粉增加香氣。

 Tips　使用有洞的蒸籠紙，主要讓烤魚的過程中汁液可以流下來。

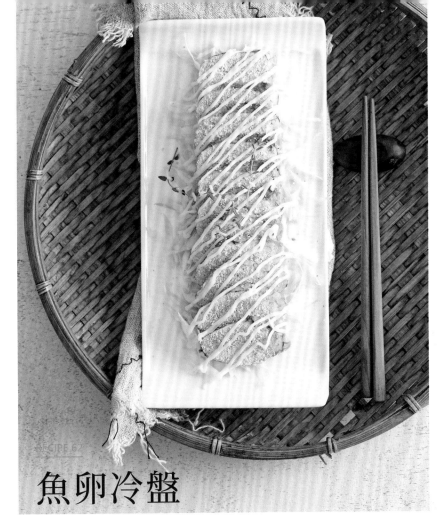

160℃
5▸5min

200℃
3▸3min

魚卵冷盤

材料（3 人份）

魚卵 1 條
高麗菜 ¼ 顆

調味料
米酒 2 小匙
薄鹽醬油 2 小匙
美乃滋適量

作法

1. 鋁箔紙大略先折成方形，並放入魚卵。

2. 淋上米酒及薄鹽醬油後，用鋁箔紙將魚卵包裹住。

3. 冷凍魚卵不需退冰，直接放入氣炸鍋中，以 160 度烤 5 分鐘，拉出來翻面再烤 5 分鐘。

4. 打開鋁箔紙，以 200 度烤 3 分鐘，拉出來翻面再烤 3 分鐘。

5. 等待的時間可以將高麗菜切絲鋪底擺盤。

Tips 炸好的魚卵表皮酥脆，裡面鬆軟，還冒著熱煙，將魚卵切片，並擠上美乃滋，配高麗菜絲真的清爽好吃！

180℃
5 2min

RECIPE 63

鹽酥鮮蚵

材料（2 人份）

鮮蚵 200g
九層塔 20g
蔥（切蔥花）1 根
蒜頭（切碎）適量
辣椒（切碎）半根
橄欖油適量（噴油用）

調味料
胡椒鹽適量

裹粉
低筋麵粉適量
蛋液適量
麵包粉適量

作法

1. 新鮮肥美的鮮蚵一份，洗淨備用。

2. 準備好低筋麵粉、蛋液、麵包粉，依序沾黏，將鮮蚵先上一層薄麵粉、再裹上蛋液，最後再滾麵包粉。

3. 完成後靜置約 5 分鐘等反潮，主要是要讓粉可以黏更緊。

4. 將裹好粉的鮮蚵放入氣炸鍋，上面噴適量的油。

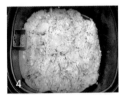

5. 先以 180 度炸 5 分鐘，加入九層塔並翻面補噴油，再 180 度回炸 2 分鐘。

6. 撒上蔥花、蒜末、辣椒碎以及必備椒鹽粉，香酥可口，吃到停不下來。

 Tips　鮮蚵沒什麼油脂，噴上足夠量的油氣炸後口感更嫩。

180℃
8min
∨
200℃
3min

RECIPE 64

香酥魚塊

材料（2 人份）

鯛魚片 300g   **醃料**   **裹粉**

雞蛋 1 顆   醬油 1 大匙   地瓜粉適量

蔥（切蔥花）1 根   米酒 1 大匙

辣椒（切碎）適量   海鹽 1 小匙

橄欖油適量（噴油用） 白胡椒粉 1 小匙

作法 ———

1. 鯛魚片切塊，加入醃料冷藏 1 小時備用。

2. 醃好的魚塊裹上適量蛋液，均勻沾上地瓜粉靜置約 10 ～ 15 分鐘，等反潮。

3. 氣炸鍋內放入烘焙紙，將魚塊放好，噴上適量的油，使表面看不到剩餘白色粉末。

4. 以 180 度氣炸 8 分鐘後，拉開翻面，並取出烘焙紙，若有看到白色粉末的地方，再噴上適量的油，再以 200 度氣炸 3 分鐘。

5. 取出鯛魚片，灑上適量的胡椒鹽（食材外），並灑上蔥花及辣椒碎即完成。

Tips

1. 作法 2 靜置等反潮可讓地瓜粉不輕易脫落。

2. 很多肉質較 Q 彈的魚肉皆可作為魚塊基底，例如比目魚、草魚都很適合。

Cook more **糖醋酥魚塊** RECIPE 65

將洋蔥、蒜末放入外鍋，以 180 度氣炸 3 分鐘爆香。加入 4 大匙糖醋醬拌勻，以 180 度氣炸 2 分鐘。接著再放入炸好的魚塊及切塊彩椒，沾上醬料拌勻，以 180 度氣炸 2 分鐘入味，起鍋後淋上 1 小匙的香油，也是一道超下飯料理。

- **糖醋醬**

  橄欖油 2 大匙與蕃茄醬 100g 混合，以小火炒一下。加入糖 100g、白醋 100g、水 100g 小火煮滾即可。1:1:1 是完美比例，可依自己需求增減調製量。冷藏約可保存一週。

鮭魚菲力

材料（2 人份）

菲力鮭魚排 200g   調味料

橄欖油適量   玫瑰鹽適量

                      粗粒黑胡椒適量

                      迷迭香適量

作法

1. 將鮭魚排洗乾淨擦乾，在魚皮畫上數刀。

2. 鮭魚兩面撒上玫瑰鹽與粗粒黑胡椒靜置備用。

3. 平底鍋倒入橄欖油，產生油紋後，魚皮朝下煎約 2 分鐘，過程不要去動鮭魚排。翻面再將另一面煎至金黃。

4. 在氣炸鍋內放入烤架，鋪上烘焙紙，將煎好的鮭魚與迷迭香放上去，以 180 度烘烤 12 分鐘。

5. 烘烤後靜置 3 分鐘後呈盤。

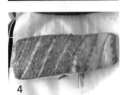

Tips

1. 將鮭魚先用高溫將表面煎至金黃微焦，可以將肌肉纖維組織硬化。如果沒有作這個作法，整塊鮭魚像是海綿一樣，遇到急速的溫度變化，裡頭的肉汁將會大量流失出來！

2. 煎鮭魚時，魚皮朝下不要翻動它，自然就可以產生酥脆的表面。

3. 放入氣炸鍋時，將鮭魚排魚皮朝上，鮭魚肉壓著迷迭香，可以讓鮭魚肉吸收迷迭香的香氣，也能避免燒焦。

180℃
8min

炸蝦天婦羅

材料（2 人份）

草蝦 8 隻
橄欖油適量（噴油用）

調味料

低筋麵粉 50g
雞蛋液 1 顆
麵包粉 50g
七味粉適量

作法

1. 將草蝦洗淨後，把殼剝除留下蝦尾。

2. 在蝦腹橫切數刀斷筋，避免氣炸時捲曲。

3. 將蝦子依序裹上低筋麵粉、蛋液、麵包粉。

4. 蝦子表面上噴油後以 180 度氣炸 8 分鐘，盛盤後撒上七味粉。

 Tips

1. 裹上麵包粉後必須壓實，粉才不容易掉下來。

2. 氣炸前可用刀背將蝦尾多餘的麵糊刮除，讓成品更美觀。

200℃
3min

炙燒干貝

材料（2 人份）

冷凍干貝 4 粒
鮭魚卵（或蝦卵）適量
蔥花少許
海苔 2 片

調味料
鰹魚露少許
芥末少許
七味粉少許

作法

1. 將冷凍干貝完全退冰，放入氣炸鍋以 200 度烘烤 3 分鐘。

2. 取出干貝後以噴槍炙燒表面，使表面產生焦脆感。

3. 將炙燒後的干貝塗上一層鰹魚露，再放到海苔上。

4. 在干貝上放鮭魚卵、芥末、蔥花、撒上少許的七味粉即可。

Tips

1. 食材須使用生食級干貝，人工干貝的口感不好。

2. 氣炸鍋每台特性不同，時間約 3 ～ 5 分鐘，視個人喜好。

5

米麵主食

200℃
20min

菇菇炊飯

材料（2 人份）

白米 1 米杯
過濾水 1.1 米杯
鴻喜菇 1 包或使用其他菇類
昆布 10 公分

調味料
日式醬油 1 大匙

作法

1. 將鴻喜菇洗淨後切梗、一根根撥散。接著將白米洗淨，預泡過濾水 20 分鐘瀝乾備用。

2. 將昆布泡入過濾水中，用微波爐加熱 2 分鐘。

3. 將作法 1 的鴻喜菇、白米和作法 2 的昆布熱水一起放入烘烤鍋內，並加入日式醬油後，蓋上鋁箔紙或烤布密封好，放入氣炸鍋中。

4. 以 200 度烤 20 分鐘，時間到了請不要拉開氣炸鍋，繼續悶 10 ～ 15 分鐘後再拉開攪拌，炊好的海帶可剪成小段，增加口感。

Tips

1. 米是靠悶熟的，所以一定要用鋁箔紙或烤布密封好，由於氣炸鍋內旋風加熱，可能會捲起鋁箔紙，可用 304 不銹鋼鍋架壓著。

2. 如果沒有昆布，則加入烘烤鍋的 1.1 米杯的水一定要是熱水，可以縮短加熱的時間。

200℃
3 ▸ 3min
∨
180℃
3 ▸ 5min

焗烤青醬野菇松子
義大利麵

材料（2 人份）

義大利麵 200g	調味料
杏鮑菇 1 朵	青醬 3 大匙
鴻喜菇 20g	焗烤乳酪絲 20g
鮮香菇 2 朵	無鹽奶油 1 小匙
蘑菇 2 朵	黑胡椒 ½ 小匙
甜椒 10g	義大利香料 ½ 小匙
松子 20g	玫瑰鹽 ½ 小匙
橄欖油 1 大匙	

作法

1. 將義大利麵煮熟，撈起並加入橄欖油拌勻備用。

2. 將杏鮑菇切片平鋪在氣炸鍋炸籃中，以 200 度烤 3 分鐘，再翻面烤 3 分鐘備用。

3. 同時準備烘烤鍋，加入奶油、鴻喜菇、彩椒、香菇、蘑菇（全部切適量大小）及松子，攪拌均勻以 180 度氣炸 3 分鐘，過程中可拉出來攪拌 1 ～ 2 次讓食材受熱更均勻。

4. 加入煮熟的義大利麵，青醬、黑胡椒粉、玫瑰鹽及義大利香料拌勻，此時可以試一下鹹度。

5. 鋪上乾烤過的杏鮑菇片，再鋪上適量的乳酪絲，以 180 度焗烤 5 分鐘，起鍋前表面再灑上些許義大利香料即完成。

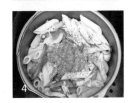

Tips

1_ 作法 1 拌油可以保護麵條不乾掉，以及麵條不黏在一起。

2_ 作法 2 為乾烤杏鮑菇片，不需要放油。

180℃
3▸3▸5min

RECIPE 71

海鮮炒麵

材料（2～3 人份）

油麵 300g
鮮蝦 6 尾
中卷 50g
花枝 50g
裙貝肉 30g
蒜末 10g
蔥（切段）2 根
橄欖油少許

調味料
米酒 1 大匙
白胡椒粉 1 小匙
白砂糖 1 小匙
烏醋 1 小匙
香油 1 小匙

作法

1. 油麵先以滾水川燙 30 秒，撈起瀝乾備用。

2. 鮮蝦去殼、去腸泥，抓少許鹽巴洗淨備用。

3. 將中卷及花枝切成與裙貝差不多大小。

4. 氣炸鍋外鍋放入橄欖油，加入蒜末以 180 度氣炸 3 分鐘爆香。

5. 加入所有海鮮淋上米酒，以 180 度氣炸 3 分鐘。

6. 加入備用油麵、蔥段、白胡椒粉、糖、適量水份（食材外）
   拌勻，再以 180 度氣炸 5 分鐘。

7. 起鍋之前淋上烏醋及香油拌勻，利用餘溫悶 1 分鐘即完成。

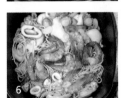

RECIPE 72

四色杏鮑菇寬麵

材料（2 ～ 3 人份）

杏鮑菇 400g
橄欖油 2 大匙
玫瑰鹽 1 小匙
白胡椒粉 ½ 小匙

調味料
粗粒黑胡椒 ½ 小匙
青醬 1 大匙
蕃茄醬 1 大匙
薑黃粉 1 小匙

作法 ────────

1. 杏鮑菇對切再切片，備用

2. 放入氣炸鍋外鍋，加入橄欖油、玫瑰鹽、胡椒粉，以 160 度
   氣炸 3 分鐘，拉出來攪拌再續炸 3 分鐘。

3. 四色麵製作：將杏鮑菇取出，分成四等分，各自調味及呈盤
   即完成。
   ・原味：灑上黑胡椒粒攪拌，以 180 度氣炸 1 分鐘。
   ・青醬：與醬料拌勻，以 180 度氣炸 1 分鐘。
   ・蕃茄醬：與醬料拌勻，以 180 度氣炸 1 分鐘。
   ・薑黃粉：與醬料拌勻，以 180 度氣炸 1 分鐘。

Tips

1. 杏鮑菇很快出水，所以作法 2 不用再添加其他水份。

2. 杏鮑菇非常會出水，氣炸出來的菇水是精華，不要倒
   掉，直接拿來煮湯非常鮮甜好喝。

180℃

12▸5min

RECIPE 73

茶泡飯

材料（2份）

白飯兩碗
去骨鮭魚 1 片
廣島香鬆適量
海苔適量

調味料
玫瑰鹽適量
黑胡椒適量
七味粉適量

作法

1. 將鮭魚清洗乾淨，用廚房紙巾擦乾，均勻撒上玫瑰鹽與黑胡椒。

2. 將鮭魚放入氣炸鍋，以 180 度烘烤 12 分鐘。完成後靜置放涼，接著將魚肉與魚皮分開。

3. 把魚肉撥碎與白飯、少許廣島香鬆攪拌均勻，將食材壓入模具，或是用手捏成三角型。

4. 在氣炸鍋內放入烤網，把飯糰放上去，以 180 度烘烤 5 分鐘，讓表面產生一層香脆的鍋巴。

5. 準備一壺 500c.c. 熱水加上一包玄米茶以及 10g 柴魚片，浸泡 5 分鐘。淋在烤飯糰上就是一碗精彩豐富的茶泡飯。

Tips 將魚皮再放入氣炸鍋以 200 度烘烤 2 分鐘，可以更加酥脆。

RECIPE 74

煮白米飯

200℃
30min

材料（2 人份）

米 1 米杯
熱水 1.2 米杯

調味料
白醋 1 滴

作法 ——————————————

1. 將米洗乾淨後，加入水浸泡 30 分鐘。

2. 浸泡好的米瀝乾，放入一只陶瓷盆中，再加入 1:1.2 的熱水。

3. 滴上一滴白醋，再蓋上鋁箔紙，鋁箔紙上要戳一個洞，方便排水氣。

4. 將裝有白米的陶瓷盆放入氣炸鍋中，以 200 度烘烤 30 分鐘。

5. 時間到了不用馬上取出，繼續在裡面悶 15 ～ 20 分鐘。

6. 取出後，輕輕攪拌，讓多餘的水氣可以蒸發。

Tips

1. 加入一滴白醋，可以讓米粒本身更潔白。

2. 蓋鋁箔紙一定要包緊，要不然會被風扇捲上去。戳一個筷子大小的洞即可。

135

活力輕食

RECIPE 75

鮪魚蟹管起司烘蛋

材料（3 人份）

鮪魚適量（鮪魚罐頭）　　　雞蛋 4 顆

蟹管肉適量　　　　　　　　洋蔥絲少許

玉米粒 3 大匙　　　　　　　蔥花少許

鮮奶油 3 大匙　　　　　　　無鹽奶油少許

馬茲摩拉乳酪絲 1 大把

作法

1. 準備好食材，先將無鹽奶油以微波爐 10 秒 2 次的方式微波融化，將烘烤鍋底部及四周塗上一層薄奶油。

2. 在烘烤鍋底鋪上洋蔥絲，依序灑上蟹管肉、鮪魚片、玉米粒，最後鋪上滿滿的馬茲摩拉乳酪絲。

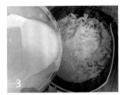

3. 取一大碗，將雞蛋與鮮奶油混合，以打蛋器將它打散攪拌均勻。

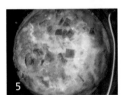

4. 將調好的蛋液倒入烘烤鍋中不用攪拌，最上層可依個人喜好，灑上切好的蔥花。

5. 以 180 度烤 10 分鐘後，蓋上鋁箔紙，再以 160 度烤 10～15 分鐘，最後利用竹籤插入烘蛋中看是否有沾黏，如無沾黏就可以起鍋了。

6. 烤熟的烘蛋因內鍋有塗奶油，可試著使用脫模刀沿烘烤鍋邊劃圈後，倒扣即可脫模。

Tips　烘蛋的材料可放入自己喜歡的食材，例如：櫛瓜、玉米筍、培根等，做不同的變化喔！

150℃
8min

焗烤法國麵包

材料（2人份）

市售法國麵包 1 根
洋香菜適量
乳酪絲適量
橄欖油適量（噴油用）

調味料

蕃茄醬適量
義大利綜合香料適量

作法 ─

1. 將法國麵包切片，放入氣炸鍋，單面以噴油瓶均勻噴上一層薄油。

2. 接著塗上蕃茄醬，撒上少許義大利香料、乳酪絲。

3. 以 150 度烤 8 分鐘，烤至乳酪融化呈現金黃色即可。擺盤後灑上些許洋香菜增加色澤。

假如沒有義大利綜合香料，可以使用現磨黑胡椒代替。黑胡椒在低溫烘烤下可以產生濃郁的香氣。

義式烤時蔬

180℃
7 ▸ 7min

材料（2～3 人份）

紫洋蔥（切塊）半顆
花椰菜 3 ～ 5 小朵
櫛瓜（切片）1 條
紅蘿蔔（切片）10g
地瓜（切片）20g
紅黃甜椒（切片）半顆
蘑菇（切片）4 朵
羅勒葉 10g

調味料

橄欖油 2 大匙
義式香料 1 小匙
海鹽 1 小匙

作法 ———

1. 將花椰菜、紅蘿蔔片、地瓜片滾水川燙 2 分鐘備用。

2. 將所有時蔬放入炸籃，加入橄欖油拌勻，以 180 度氣炸 7 分鐘。

3. 加入海鹽及義式香料並攪拌均勻，接著放入氣炸鍋以 180 度氣炸 7 分鐘。

4. 放入羅勒葉攪拌，利用餘溫悶約 1 分鐘。

1. 根莖類熟成時間相對比較久，可先利用川燙方式至半熟，或者也可以用低溫氣炸方式先預炸，約120度5～8分鐘。

2. 如果喜歡焦香一點的口感，可以用 200 度多氣炸 2 分鐘。

140℃
7 ▸ 3min
⌄
180℃
2 ▸ 2min

RECIPE 78

港式腐皮蝦捲

材料（2 人份）

豆腐皮（俗稱千張）1 張   調味料

豬絞肉 200g   玫瑰鹽少許

去殼蝦仁 8 隻   黑白胡椒粉少許

菱角 or 荸薺 8 顆   太白粉少許

薑少許   橄欖油 1 小匙

香菜少許

麵粉少許

橄欖油少許（噴油用）

作法

1. 將豬絞肉、燙熟的菱角（或荸薺）、去殼蝦仁、薑末及香菜，加入調味料後，使用調理器攪打成漿狀。

2. 將攪好的蝦肉漿放在腐皮上面，捲成長條狀，收口處使用些許麵糊黏起來。

3. 將蝦捲放進氣炸鍋，使用噴油瓶在蝦捲上噴油。

4. 以 140 度烤 7 分鐘，拉開將蝦捲翻面補噴油續烤 3 分鐘。接著再以 180 度烤 2 分鐘，拉開炸籃將蝦捲翻面續烤 2 分鐘。

5. 搭配蕃茄醬或酸甜醬一起吃，十分對味。

Tips 豬絞肉可選帶點肥肉的部分，炸起來裡面比較濕潤。

180℃
7 · 8min
⌄
180℃
3 · 15min

上海烤麩

材料（3 人份）

烤麩 300g	調味料
乾香菇數朵	橄欖油 2 大匙
筍片 30g	醬油 2 大匙
毛豆仁 30g	白砂糖 2 大匙
薑片 4 ～ 5 片	蕃茄醬 2 大匙
橄欖油適量（噴油用）	胡椒粉 1 小匙
	鹽巴 1 小匙
	水 100ml

作法

1. 乾香菇泡水後，切片備用；烤麩切適口大小，備用。

2. 將烤麩放入氣炸鍋炸籃，正反兩片噴上適量的油，以 180 度氣炸 7 分鐘，拉出翻面一次續炸 8 分鐘，炸好後盛盤備用。

3. 外鍋放入橄欖油、薑片，以 180 度 3 分鐘爆香。

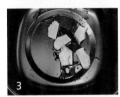

4. 加入炸好的烤麩、乾香菇、筍片、毛豆仁及調味料拌勻以 180 度氣炸 15 分鐘，中間需拉出攪拌 2 ～ 3 次，將湯汁收乾即完成。

Tips

1. 泡過香菇的水可以替代一半水量加入，可增添香氣。

2. 作法 4 需看湯汁收乾狀況微增減時間，目標是將湯汁收乾保留微濕潤即可。

3. 料理好的上海烤麩，冷藏後涼菜上桌，風味更佳。

140℃
5min
∨
160℃
3min

串燒培根金針菇捲

材料（2 人份）

培根肉 200g
金針菇 ½ 包

調味料

秘傳烤肉醬適量
黑胡椒些許
白芝麻少許（可省略）

作法 ―――――――――――――――

1. 將金針菇洗淨後切梗、切段，培根切做兩段備用。

2. 在培根上放適量的金針菇，將金針菇捲起來，並用烤肉串固定。

3. 在氣炸鍋放入烤架，將金針菇捲放上去，並刷上些許烤肉醬。

4. 以 140 度烤 5 分鐘，拉開氣炸鍋翻轉一下培根卷，再以 160 度烤 3 分鐘，灑上些許黑胡椒粒或白芝麻即可上菜。

(Tips)
由於放置在烤架上，離氣炸鍋的加熱區較近，所以溫度不要一下子轉的太高，以免烤焦；培根本身就有鹹度，所以刷烤肉醬時只需適量即可增添風味。

180℃
約 25min

蜂蜜貝果

材料（6 人份）

高筋麵粉 300g	煮貝果水
速發酵母 5g	水 800ml
蜂蜜 30g	蜂蜜 2 大匙
鹽 5g	
水 190ml	

作法

1. 將材料所有食材放入鋼盆中，水保留 30ml。用手或是攪拌機揉捏成糰，再慢慢加入剩下的水。

2. 麵糰大約搓揉 20 分鐘左右使其筋性產生，直到麵糰表面光滑。

3. 將麵糰滾圓收口捏緊，放入鋼盆中蓋上保鮮膜，室溫發酵約 50 ～ 60 分鐘到約 2 倍大小。發酵好的麵糰放在桌面上將空氣擠出，再平均分割成 6 等份。

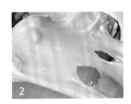

4. 將 6 個麵糰滾圓收口捏緊，蓋上濕布靜置 10 分鐘。接著把麵糰擀成長形，像蛋捲一樣捲起來約 30 公分，再將頭尾接合捏緊成圓圈狀。接著把貝果放在烤盤上，表面噴水放室溫發酵 30 分鐘。

5. 將蜂蜜水煮沸，把貝果川燙約 30 秒。

6. 川燙好的貝果放入氣炸鍋中，以 180 度烘烤 20 ～ 25 分鐘至表面呈金黃色即可。

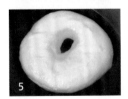

Tips

1. 麵糰發酵過程中，可以用手在中心戳洞。如果洞口沒有回縮，表示麵糰發酵完成。

2. 貝果麵糰在發酵過程中，底下可以鋪上一層烘焙紙避免沾黏烤盤。要川燙時，連同烘焙紙一起下滾水中，貝果就不會因為沾黏而變形。

3. 烘烤過程中，約 10 分鐘必須打開看上色情況，必須移動位置讓上色更均勻。

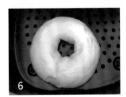

165℃
7min

惡魔乳酪土司

材料（1 人份）

土司 1 片
蛋 1 顆
玉米罐頭的玉米粒適量

調味料
黑胡椒少許
玫瑰鹽少許
馬茲摩拉乳酪絲適量

作法 ────────────

1. 用湯匙將土司沿著四周向下壓，形成一個方型的凹槽。

2. 沿著土司周邊灑入玉米粒，再將雞蛋打入玉米粒的中心。

3. 馬茲摩拉乳酪絲沿著蛋黃周邊灑，再加上少許玫瑰鹽和黑胡椒粉調味。

4. 將土司放入氣炸鍋以 165 度烤 7 分鐘，即可享用。

 Tips

1. 乳酪絲盡量往土司四周邊緣灑，不要蓋住雞蛋，以免內部蛋液不熟。

2. 如果喜歡吃全熟蛋，可以 170 度烤 8 分鐘。

151

200℃
7min

巧達蛤蠣濃湯麵包碗

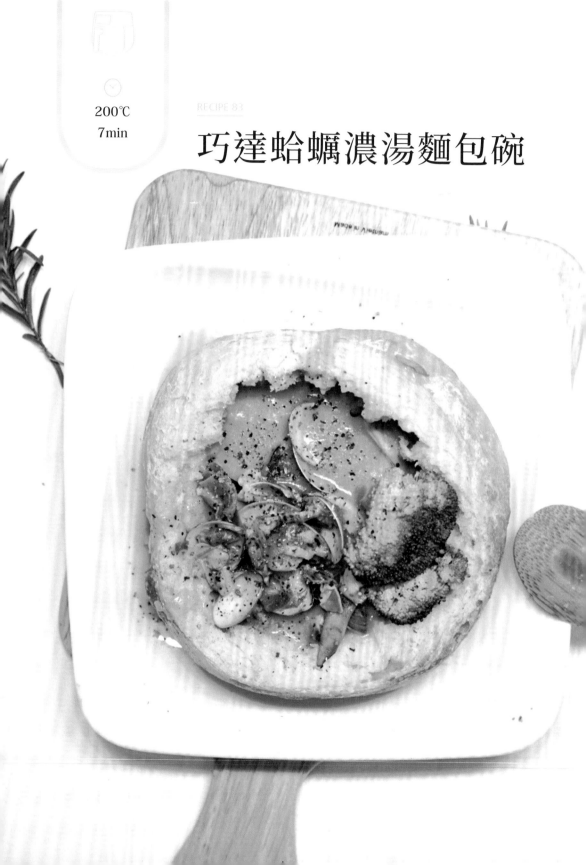

材料（1 人份）

法國圓麵包 1 個	調味料
蛤蠣數個	無鹽奶油 10g
洋蔥（切末）¼ 顆	低筋麵粉 5g
雞高湯 100ml	黑胡椒少許
	鹽 1 小匙
	鮮奶油適量

作法 ————————

1. 熱鍋將奶油融化、加入洋蔥末炒至半透明。

2. 加入一碗水，撒上少許麵粉攪拌均勻。接著倒入雞高湯煮滾後，放入蛤蠣。

3. 蛤蠣煮開後，加入少許鮮奶油以及鹽巴調味。

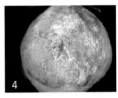
4

4. 將圓麵包放入氣炸鍋中，以 200 度烘烤 7 分鐘，烤至表皮完全變硬。

5. 切開麵包蓋，用夾子把裡面的麵包夾光。接著將濃湯倒入麵包碗裡，撒上黑胡椒或是洋香菜即可。

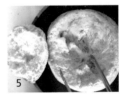
5

Tips

1. 加麵粉時不要一次全倒，多分幾次加入才不會結塊。

2. 濃湯必須要濃稠，過稀會讓麵包容易吸收湯汁，導致麵包碗軟化漏水。

180℃
5 ▸ 5min

起酥鮪魚派

材料（4 人份）

鮪魚罐頭 1 罐
美乃滋適量
酥皮 2 片

作法 ─────────────

1. 將鮪魚罐頭的油瀝乾後，加入適量的美乃滋攪拌均勻。

2. 將酥皮靜置 5 分鐘退冰，待軟化後，對切成兩片，各放入拌好的鮪魚。

3. 將酥皮對折把鮪魚包覆在中心，在酥皮四周用叉子壓成紋路，使其黏合。

4. 將包裹鮪魚的酥皮放入氣炸鍋以 180 度烤 5 分鐘，拉出翻面再續烤 5 分鐘。

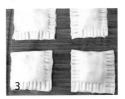

 炸好的起酥鮪魚派，溫度很高，小心燙口，鹹香滋味真好吃！

200℃
10‧10min

炸豆腐佐泡菜

材料（6 塊）

全聯水豆腐 1 盒
韓式泡菜適量
蔥花適量
紅辣椒適量
橄欖油適量（噴油用）

調味料
醬油膏適量

作法 ───────────

1. 全聯水豆腐切做 6 塊，用廚房紙巾把水份擦乾，輕壓一下讓水份出來。

2. 將切好的豆腐放在烤盤上，豆腐上面噴些橄欖油，油不用噴很多，只要讓豆腐表面均勻有些油量即可。

3. 以 200 度烤 10 分鐘，翻面再噴油續烤 10 分鐘。

4. 將醬油膏跟泡菜塞入豆腐中，即可開動。

Tips

1. 豆腐的水份要擦乾，炸起來的豆腐才會膨得漂亮。

2. 氣炸豆腐時盡量不要拉開氣炸鍋，以免溫度跑掉。

RECIPE 86

春蔬百花油條

材料（3 人份）

板豆腐 200g	調味料	酸甜醬
杏鮑菇 1 根	鹽 ¼ 小匙	蕃茄醬 2 大匙
香菇 1 朵	白砂糖 ¼ 小匙	白砂糖 2 大匙
紫菜 5g	香菇粉 ½ 小匙	白醋 2 大匙
荸薺 40g	胡椒粉 ½ 小匙	水 4 大匙
芹菜 15g	香油少許	太白粉水適量
薑 3g		香油少許
雞蛋 1 顆		
太白粉 1 小匙		
香菜葉 3g		
油條 1 條		

作法

1. 將材料（除了油條外）切小丁及所有調味料混合成泥做成餡料備用。

2. 油條從中間分成兩條，切斷以後，再對半剪開，鑲入餡料。

3. 將鑲好餡料的百花卷，表面噴上油，以 180 度氣炸 8 分鐘，翻面再氣炸 7 分鐘，即可盛盤取出。

4. 氣炸完成的百花油條可直接沾上酸甜醬享用，或將百花油條快速炒上酸甜醬料，盛盤取出後灑上適量香菜碎及淋上香油，即可美味上菜。

1

2

3

4

(Tips)
1. 豆腐非常會出水，務必盡量瀝乾，或者用紗布將水份擠出更佳。

2. 作法 2 油條要軟一點比較好剪，不然會碎掉，可以用微波爐稍微加熱 10 ～ 20 秒，使其軟化。

Cook more **海味百花油條**　　　　　　RECIPE 87

將花枝 50g 打成泥，蝦仁 30g 切成碎可保留一點塊狀口感更好，加上米酒 1 大匙、白砂糖 1 小匙、薑末 2g、蔥花 3g、太白粉 1 小匙、白胡椒粉適量，均勻攪拌成內餡，填入油條中氣炸即可。

薯泥起司鮮菇捲

材料（2～3 人份）

千張皮 10 張
馬鈴薯 2 顆
乳酪絲 30g
玉米粒 20g
杏鮑菇（切丁）2 條
香菇 5 朵
鴻喜菇 20g
雪白菇 20g
橄欖油適量（噴油用）

調味料
鮮奶油 20g
鹽 ½ 小匙
黑胡椒粉 ½ 小匙
白胡椒粉 ½ 小匙

作法

1. 將馬鈴薯切塊蒸熟備用。

2. 將數種菇類切小丁備用。

3. 蒸熟的馬鈴薯、菇類、玉米、乳酪絲及所有調味料混合拌勻成餡。

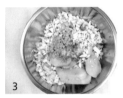

4. 千張皮鋪平，放入適量餡料先從底部往內折，再將兩邊往內折，捲起包好成捲。

5. 在氣炸鍋炸籃鋪上烘焙紙，放入起司鮮菇捲，噴上適量的油，先以 160 度氣炸 5 分鐘，翻面噴上適量的油再氣炸 5 分鐘，即完成。

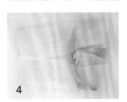

 Tips 餡料可以自由發揮，例如豬絞肉、高麗菜調味等，使用千張包成捲氣炸料理，皮薄餡多，趁熱吃非常酥口。

Cook_more **高麗菜豬肉千張捲**　　　　RECIPE 89

高麗菜 300g 洗淨切碎加少許鹽脫水瀝乾，加入豬絞肉 500g、蔥花兩根、水 3 大匙、醬油 3 大匙、薑末 1 小匙、白胡椒粉適量、香油適量，全部混合均勻，以千張包成捲氣炸 180 度 15 分鐘即可。

200℃
3min
∨
160℃
5+2min

起酥金針菇

材料（2 人份）

金針菇一包

作法 —————

1. 將金針菇的蒂頭切去，用濕的廚房紙巾稍微將金針菇擦拭乾淨即可。

2. 將金針菇完全剝開，剝成一絲一絲的，蒂頭不要相連。

3. 在氣炸鍋的炸籃鋪上烤網，再把剝絲的金針菇放入炸籃，上面用烤架壓住。

4. 以 200 度烤 3 分鐘，先稍微烤乾水份，拉出炸籃翻動一下，再以 160 度烤 5 分鐘，拉開再翻攪一下，繼續 160 度烤 2 分鐘。

5. 烤的又香又酥的金針菇，熱的時候咬起來很脆口，降溫之後的口感像魷魚絲，很適合當下酒的小點心喔！

Tips

1. 金針菇不要過水洗，不然無法烤乾。

2. 底下放烤網可避免金針菇烘烤時出水，黏住鍋底，上面壓烤架，可防止金針菇烤乾時，因為氣炸鍋的旋風效應，將金針菇整個捲上去熱導管。

200℃
5min
∨
165℃
7min

RECIPE 91

蔥油餅加蛋

材料（1 人份）

市售蔥油餅或蔥肉餅 1 片
蛋 1 顆

調味料

胡椒鹽少許
醬油膏少許

作法

1. 將冷凍的蔥油餅或蔥肉餅直接放入氣炸鍋中。

2. 以 200 度烤 5 分鐘後翻面，中央稍微用湯匙壓低，並打一顆全蛋（或散蛋）進去。

3. 再以 165 度烤 7 分鐘，灑上胡椒鹽及醬油膏或辣椒醬，對折或切片後即可享用。

以 165 度烤 7 分鐘可得到半熟蛋的效果，如果想吃全熟蛋的話，可以再多烤 2 分鐘。

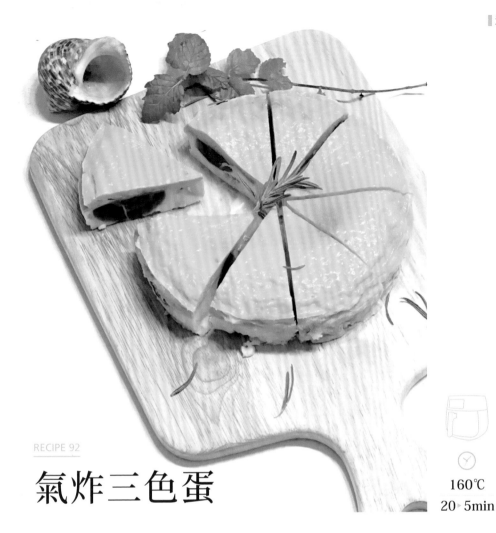

RECIPE 92

氣炸三色蛋

160℃
20 ▸ 5min

材料（4 人份）

雞蛋 5 顆
鴨蛋 2 顆
皮蛋 2 顆

調味料
鰹魚粉適量
（視個人喜好添加）

作法

1. 鴨蛋與皮蛋取一鍋滾水煮開，以防蛋黃沒有熟。

2. 將雞蛋的蛋白與蛋黃分開，分別攪拌放置碗中備用。鴨蛋與皮蛋剝殼後切碎備用。

3. 將雞蛋蛋白與切碎的鴨蛋和皮蛋放入碗中或是模具，充分攪拌。

4. 模具蓋上鋁箔紙放入氣炸鍋中，以 160 度烘烤 20 分鐘。接著再倒入蛋黃，以 160 度烘烤 5 分鐘。

5. 完成後放涼，包上保鮮膜放入冰箱中冷藏 2 小時。

Tips
1. 蛋白與鴨蛋、皮蛋混合時，可加點鰹魚粉增加風味。
2. 冷藏後的三色蛋，比較好脫模，而且風味更佳。

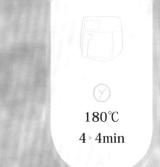

180℃
4 ▸ 4min

溏心蛋

材料（8 人份）

新鮮雞蛋 8 顆　　　　　醬汁
　　　　　　　　　　　醬油 1 杯
　　　　　　　　　　　清酒 1 杯
　　　　　　　　　　　味霖 1 杯
　　　　　　　　　　　花椒數粒
　　　　　　　　　　　八角 1 顆
　　　　　　　　　　　月桂葉 2 片

作法 ————

1. 將雞蛋放入氣炸鍋中以 180 度烘烤 4 分鐘。

2. 雞蛋翻面後再以 180 度烘烤 4 分鐘。

3. 完成後將雞蛋放入冷水之中浸泡 10 分鐘剝殼備用。

4. 將醬汁攪拌均勻後煮沸放涼。

5. 準備一個容器，將雞蛋與醬汁倒入，冷藏醃製一晚即可。

Tips

1. 如果醬汁無法淹滿雞蛋，可以覆蓋一層廚房紙巾，讓紙巾吸附醬汁。

2. 每台氣炸鍋特性不同，可前後調整約 1 ～ 2 分鐘，視個人喜好。

180℃
2・10min
⌄
200℃
2min

RECIPE 94

酒蒸蛤蠣

材料（2 人份）

蛤蠣半斤
蔥段半支
大蒜（切末）2 辦
薑（切片）20g
辣椒 1 支

調味料
橄欖油 20ml
清酒 20ml
醬油 5ml
奶油 10g

作法 ───────

1. 準備一個烤盤，倒入橄欖油、蒜末、辣椒片，放入氣炸鍋中
   以 180 度 2 分鐘爆香。

2. 將蛤蠣倒入烤盤中淋上清酒與醬油，以 180 度烘烤 10 分鐘，
   再加入一塊奶油以 200 度烘烤 2 分鐘，完成之後撒 上蔥花。

 Tips 烤好的蛤蠣可以加入少許的九層塔增加香氣。

160℃
15min
⌄
180℃
15min

大阪燒

材料（2 人份）

	醬汁	調味料
高麗菜半顆	醬油 30ml	柴魚片少許
低筋麵粉 20g	鰹魚露 30ml	鰹魚粉少許
雞蛋 1 顆	清酒 30ml	美乃滋少許
培根 4 片	蒜泥適量	七味粉少許
水 100g	蘋果泥適量	
泡打粉 8g	冰糖少許	
橄欖油適量（噴油用）	辣椒適量	

作法 ————

1. 低筋麵粉、水、泡打粉與少許鰹魚粉均勻攪拌。

2. 將高麗菜切碎，再與麵糊充分攪拌。

3. 高麗菜麵糊加上一顆生雞蛋攪拌均勻。

4. 氣炸鍋內鍋底盤鋪上一層烘焙紙，依序放上一層培根，接著倒入麵糊，表面噴油後，以 160 度烘烤 15 分鐘成表面微焦。

5. 翻面後再以 180 度烘烤 15 分鐘。

6. 將所有調味料攪拌均勻後煮滾成醬汁備用。

7. 成品表面塗上醬汁撒上海苔絲、擠上美乃滋、再撒上柴魚片以及七味粉即可。

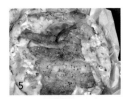

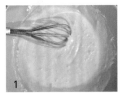

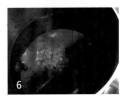

(Tips) 可擠上少許的芥末增加風味。

160℃
50min

普羅旺斯雜菜煲

材料（2 人份）

綠櫛瓜 1 條	醬汁
黃櫛瓜 1 條	洋蔥半顆
牛蕃茄 2 顆	蒜頭 2 瓣
馬鈴薯 2 顆	甜椒 2 顆
茄子 1 條	牛蕃茄 2 顆
橄欖油適量	紅蘿蔔 1 條
	迷迭香一小株
	玫瑰鹽少許
	黑胡椒少許

作法

1. 起一橄欖油熱鍋，將洋蔥末炒至半透明，把蒜末倒入炒香。再將甜椒丁、蕃茄丁、蘿蔔丁倒進鍋中炒軟。

2. 炒好的蔬菜加入迷迭香、玫瑰鹽、黑胡椒，再用調理機打碎成醬。

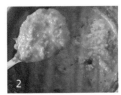

3. 將櫛瓜、蕃茄、馬鈴薯、茄子切片備用。

4. 準備一個烤盤，底部塗上一層薄醬汁，再將切片蔬菜依序擺上，表面用噴油瓶均勻噴上橄欖油。

5. 烤盤包上鋁箔紙放進氣炸鍋，以 160 度烘烤 50 分鐘即可。

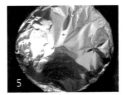

> *Cook more* **蔬菜奶油濃湯** RECIPE 97
>
> 用剩的蔬菜醬汁 200ml 加入奶油 10g、水 200ml，就是一碗美味的蔬菜奶油濃湯。

7

烘
焙
甜
點

140℃
10▸30min

爆漿核桃巧克力布朗尼

材料（2 ～ 3 人份）

生核桃仁 50g　　　　　鹽 1g

苦甜巧克力 120g　　　低筋麵粉 60g

無鹽奶油 60g　　　　　可可粉 5g

白砂糖 25g　　　　　　巧克力磚 30g

雞蛋 2 顆

作法 ————————————————————————————————

1. 生核桃仁放入氣炸鍋，以 140 度烘烤 10 分鐘，中間可拉出來搖一下，放涼備用。

2. 將低筋麵粉、可可粉、糖過篩備用。

3. 將無鹽奶油、巧克力放入鋼盆隔水加熱融化。

4. 將兩顆蛋及過篩後的低筋麵粉、可可粉、糖倒入巧克力奶油糊中慢慢攪拌均勻。

5. 接著放入備用核桃仁攪拌均勻成為巧克力糊，準備 6 吋蛋糕模，先倒入一半巧克力糊，放入巧克力磚，再把剩餘巧克力糊倒入。

6. 將蛋糕模放入氣炸鍋以 140 度烤 30 分鐘，取出放涼即可食用，冷藏後更好吃喔！

 Tips

1. 氣炸烘烤完成後，可先用竹籤刺入布朗尼周邊沒有巧克力磚部份，若沒有沾黏即是熟透完成，若未熟透，可以用中低溫 140 度再加熱數分鐘。

2. 此配方是減糖清爽配方，紮實濃郁的巧克力，有點甜又不太甜的滋味，可以一口接一口的享用，如果喜歡甜一點的朋友可以微調糖的份量，亦可不要填入巧克力磚，單純享用巧克力布朗尼的滋味。

3. 在作法 3 裡面加入 2 顆金莎巧克力一起融化製作，口感更有層次喔！

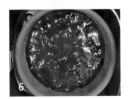

150℃
8min
⌄
200℃
2　2min

RECIPE 09

三色 QQ 球

材料（2 ～ 3 人份）

紅地瓜 100g

黃地瓜 100g

紫薯 100g

木薯粉 40g

橄欖油適量（噴油用）

調味料

白砂糖 15 ～ 20g

作法

1. 將地瓜蒸熟後，趁溫熱時壓成泥。

2. 地瓜加入木薯粉、白砂糖（地瓜：木薯粉：砂糖 = 100：40：15）。

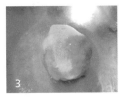

3. 均勻攪拌後，用手開始揉捏至地瓜泥及木薯粉結合成糰狀，且不黏手。

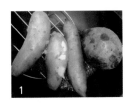

4. 每 15g 為一小球搓成圓形，將地瓜球均勻滾上橄欖油後，放入氣炸鍋中，以 150 度烤 8 分鐘。

5. 拉開炸籃，用矽膠夾輕夾地瓜球，這時候應該會有點回彈，再噴上橄欖油，以 200 度烤 2 分鐘，拉出炸籃再夾壓一次地瓜球，噴上橄欖油續烤 2 分鐘。

Tips

1. 黃地瓜本身較有甜份，糖約 15g；紅地瓜及紫薯可放 20g 的糖，提升味道。

2. 揉捏成糰時，如果地瓜水份不夠會較難成型，可加入些許牛奶或溫水，讓粉與地瓜泥較容易融合。

3. 將地瓜球放入保鮮袋中，於保鮮袋中噴入橄欖油，可節省時間讓每一顆地瓜球均勻的裹上油脂。

4. 地瓜球放入氣炸鍋時，每顆之間需有間隔，避免沾黏。

170℃
10min

菠蘿小鬆餅

材料（2 人份）

鬆餅粉 200g
無鹽奶油 40g
雞蛋 1 顆
紫薯 ¼ 顆約 60g

調味料
蜂蜜適量

作法 ————

1. 先將無鹽奶油以微波爐 10 秒加熱一次為單位，分 2 次融化後倒入鋼盆內，接著倒入鬆餅粉、雞蛋液，一起攪拌成糰狀。

2. 麵糰以 20g 為單位，將其揉成圓形，放在烘焙紙上。

3. 在圓麵糰上以刀背輕輕壓出井字紋路或菱格紋。

4. 將完成的麵糰放入氣炸鍋中，以 170 度烤 10 分鐘即可。

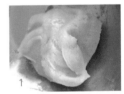

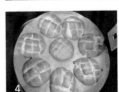

Cook more 菠蘿紫薯鬆餅

RECIPE 101

在攪拌成糰時，可以將煮熟的紫薯放入一起攪拌，以同樣溫度烘烤，即可成為色澤美麗的菠蘿紫薯鬆餅，搭配蜂蜜一起食用，風味更佳。

傳統蛋黃酥

材料（10 顆）

鹹蛋黃 10 顆
奶油烏豆沙餡 250g
蛋黃 1 顆
黑芝麻或白芝麻適量
米酒適量

油皮製作材料
中筋麵粉 110g
高筋麵粉 20g
糖粉 20g
無鹽奶油 40g
冷開水 50g

油酥製作材料
低筋麵粉 100g
無鹽奶油 50g

作法

1. 油皮製作： 麵粉、糖粉過篩後，將油皮材料依順序放入鋼盆中，慢慢混合，水慢慢加，邊加水邊混合，將其揉成光亮的麵糰即可，不要揉太久以免產生筋性，烤好口感會偏硬，然後包上保鮮膜，靜置 30 分鐘。

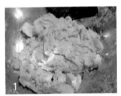

2. 油酥製作：麵粉過篩後，將無鹽奶油切成小塊，快速將它整合成糰，靜置 30 分鐘。

3. 靜置等待的時間，將鹹蛋黃泡米酒約 5 分鐘後，放入氣炸鍋以 160 度氣炸 5 分鐘；將奶油烏豆沙餡每顆 25g 搓揉成圓形後壓扁，將鹹蛋黃包裹住，搓揉成圓形，先冰到冰箱中。

4. 將靜置後的油皮、油酥分做 10 等份，揉成圓形（油皮約24g、油酥約 15g，也可以先用秤量好總重量，很精準的除以 10），將油皮壓扁成圓形，包裹住油酥後，輕輕揉成圓形即可。

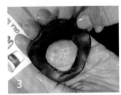

5. 用擀麵棍將上述的油皮包油酥，從中間輕輕往下按壓，將油酥從中間往下輕輕擀平，再從中間往上輕輕擀平，擀成如牛舌餅的形狀（切忌不要來回擀動，以不弄破整個酥皮為原則），再將擀平的牛舌由下往上輕輕捲起，蓋上保鮮膜，靜置 15 分鐘。

6. 酥皮鬆弛後，再將酥皮擺直，重覆一次上述動作，將其擀成如牛舌餅的形狀，再捲起來，再靜置 15 分鐘。

7. 將酥皮用姆指從中間壓下去，再以姆指、食指將兩側拉擠至中間後壓扁成圓。翻到背面，以擀麵棍將酥皮輕輕擀成圓形，再翻回正面（有紋路的那面），包入豆沙餡揉成圓形，表面就會很光亮囉！

8. 將收口處朝下，在蛋黃酥上方用刷子，以繞圓圈的方式輕輕塗抹蛋黃液 2 次，再灑上些許芝麻，將蛋黃酥一顆顆放入氣炸鍋，每顆中間要有間隔，以 170 度烘烤 15 分鐘就完成！

Tips

1. 氣炸過的鹹蛋黃較容易鬆散，烏豆沙在包裹時需小心輕揉，以免裂開。

2. 成牛舌狀時，長度擀長一些，做出來的蛋黃酥層次會愈豐富。

3. 塗抹蛋黃液的時候，以圓形繞圈方式塗抹，烤出來的樣子比較好看。

4. 蛋黃酥冷藏後，以氣炸鍋 170 度回烤 3 ～ 5 分鐘就很好吃囉！不用怕一次做太多吃不完的問題；如果放置在冷凍庫可延長保存期限，取出時以 170 度回烤 8 ～ 10 分鐘，一樣酥脆可口。

RECIPE 103

Cook more 簡易蛋黃酥

160℃
5min

170℃
約 15min

材料（8 顆）

鹹蛋黃 8 顆
奶油烏豆沙餡 200g
大片酥皮 4 ～ 5 片
蛋黃 1 顆
黑白芝麻適量

作法

1. 將鹹蛋黃泡米酒約 5 分鐘後，放入氣炸鍋以 160 度烤 5 分鐘。

2. 奶油烏豆沙餡每顆 25g 搓揉成圓形後壓扁，將作法 1 的鹹蛋黃包裹住，再搓揉成圓形。

3. 取酥皮 25g，揉成圓球後壓平，再包裹住作法 2 的烏豆沙蛋黃，揉成圓形。

4. 在揉好的蛋黃酥上塗抹蛋黃液 2 次，再灑上芝麻粒。

5. 將蛋黃酥放入氣炸鍋中，以溫度 170 度烘烤 12 ～ 15 分鐘，取出即完成。

Tips　使用烘焙坊購買的酥皮，退冰後較柔軟，揉成圓球後可在桌面灑上些許麵粉再壓平，避免酥皮黏手，之後再包裹烏豆沙蛋黃。

185

160℃
5min
⌄
170℃
12▸5min

RECIPE 104

葡式蛋塔佐鹹蛋黃

材料（6 顆）

鹹蛋黃 6 顆　　　　　蛋 1 顆
酥片 5 張　　　　　　白砂糖 25g
牛奶 60g　　　　　　蛋塔鋁箔模具 6 個
鮮奶油 60g

作法

1. 先將酥皮退冰至柔軟狀態之後，5 張酥皮疊在一起（每張酥皮中間沾點水，增加黏著性），再捲成一卷，每 1.5cm 為一切，切做 6 段。

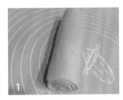

2. 將切段後的酥皮，用擀麵棍擀成圓形後，壓入模型中。

3. 鹹蛋黃先用米酒浸泡 5 分鐘，再以氣炸鍋 160 度烤 5 分鐘。

4. 調蛋塔液：將牛奶、鮮奶油、蛋及糖，依序放入鋼盆均勻攪拌後，過篩兩次。

5. 將蛋塔液倒入模型中，並於蛋塔模中央放入烤好的鹹蛋黃。

6. 以 170 度烘烤 12 分鐘，烤熟後稍微冷卻，脫模翻面，背後再烤 5 分鐘。

 Tips

1. 倒入內餡時，只需倒 8 分滿，因加熱時內餡會膨脹，倒太滿內餡容易溢出來。

2. 擀酥皮時，可在烘焙墊上灑些許麵粉，避免沾黏。

170℃
8▸5min
⌄
160℃
8min
⌄
150℃
20min

RECIPE 105

古早味蛋糕

材料（6 吋蛋糕）

雞蛋 2 顆　　　　　　　起司片 2 片
牛奶 30g　　　　　　　糖粉 25g
沙拉油 15g　　　　　　檸檬汁 ¼ 茶匙
低筋麵粉 35g（過篩）　香草精 3 滴

作法

1. 製作蛋黃糊：將牛奶、沙拉油攪拌至乳化後，加入低筋麵粉及蛋黃 2 顆，用攪拌匙輕輕拌勻後，用保鮮膜封好，放置冰箱。

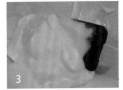

2. 製作蛋白霜：將 2 顆蛋白，以電動攪拌機轉中速攪打至硬性發泡。

3. 將打好的蛋白霜，分三次拌入蛋黃糊中，由下往上翻動，用切的方式拌勻（切的時候勿以繞圓的方式翻攪蛋白霜與麵糊，以免蛋白霜消泡）。

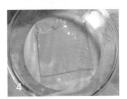

4. 將拌好的麵糊，先倒入 ½ 的量至 6 吋烤模或耐熱 400 度的玻璃保鮮盒中，輕輕敲烤模，讓空氣震出後，鋪上 2 層起司片，再倒入剩下的麵糊。

5. 氣炸鍋預熱 170 度 8 分鐘後，將麵糊放入氣炸鍋中，先以 170 度烤 5 分鐘讓表面定型後，拿出來在蛋糕面上劃十字，再以 160 度烤 8 分鐘，最後蓋上鋁箔紙，以 150 度烤 20 分鐘。

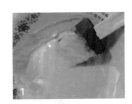

6. 將烤好的蛋糕拿出，倒扣 1 小時放涼後，再以脫模刀沿周圍繞圈，即可順利脫模。

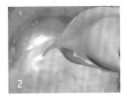

Tips　作法 2：蛋白霜打成粗泡泡時，加入一半糖粉；打成細泡泡時再加入剩餘的糖粉與檸檬汁；打成有雲朵形狀時，加入香草精轉低速再打 30 秒；打到蛋白霜撈起形成一個勾勾不會掉下來，即為硬性發泡完成。

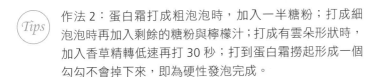

Cook more **古早味肉鬆蛋糕**　　　RECIPE 106

起司片也可換成肉鬆，即可成為古早味肉鬆蛋糕。

180℃
25
約 6min

RECIPE 107

法式烤布蕾

材料（2杯）

鮮奶油 100g
牛奶 200g
白砂糖 25g
雞蛋 3 顆
香草精少許

作法

1. 將鮮奶油、牛奶、砂糖倒在小鍋中，慢慢加熱煮至微微冒小泡泡即可關火（不要煮滾），再加入 2、3 滴香草精。

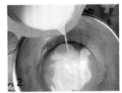

2. 取 3 顆雞蛋的蛋黃，用打蛋器將其打散後，將作法 1 的布丁液緩緩倒入，再均勻攪拌一下。

3. 將作法 2 的蛋液過篩 3 次後，倒入容器中，約 9 分滿，不溢出即可。

4. 接著將容器放入氣炸鍋中，並蓋上一層鋁箔紙，再用烤網或 304 不銹鋼架壓住鋁箔紙。

5. 以180度烤25分鐘，拉開氣炸籃，將鋁箔紙拿開，再續烤5～6 分鐘烤出布蕾表面的焦黃色。

6. 放涼後的烤布蕾冰到冰箱後，隔天再食用，風味更佳。

 Tips

1. 如要製作較大量的烤布蕾，可鮮奶油配牛奶以 1:2 份量調配製作。

2. 鋁箔紙上面一定要壓不銹鋼架，不然鋁箔紙會飛起來碰到上面的導熱管。

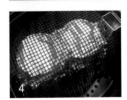

3. 烤好之後，可用牙籤插入烤布蕾，確認不沾黏表示裡面已熟透。

4. 布蕾在加熱後會收縮，所以布丁液不要倒太少。

5. 冰過的布蕾，在食用前可灑上砂糖，再用噴槍將砂糖表面烤焦，更好吃喔！

RECIPE 108

泰式香蕉煎餅

材料（1 人份）

千張豆腐皮 4 張　　　調味料
雞蛋 1 顆　　　　　　巧克力醬適量
香蕉 1 條　　　　　　煉乳醬適量

作法 ——————————————————————————

1. 將蛋打成蛋液，並加入香蕉切片備用。

2. 氣炸鍋內放入烘烤鍋，鋪上烘焙紙，放入千張豆腐皮 2 張，再倒入香蕉蛋液。

3. 將四角往內折包好，以 160 度氣炸 3 分鐘，先讓蛋液凝固。

4. 取出翻面再包一張千張，以 160 度氣炸 7 分鐘。

5. 取出切片淋上煉乳、巧克力醬，再搭配一些水果切片，美味健康的小點心即完成。

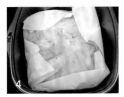

(Tips) 千張豆腐皮是個非常好用的東西，很薄烤起來又有點 Q 脆口感，可以包各種東西鹹的甜的氣炸都很適合，例如麻糬、豆泥變成小點心，或者是包玉米粒拌蛋液，可以變成類蛋餅，或者調味好的蝦泥配上泰式酸甜醬就是美味的月亮蝦餅喔！

Cook more **千張年糕**　　　　　　　　　　RECIPE 109

取一張千張，直接將切塊年糕（約 0.5 公分厚度）包好，若是冷凍的年糕約 160 度氣炸 7 分鐘，常溫年糕 160 度氣炸 4 分鐘。

160℃
5min
∨
180℃
12min

RECIPE 110

法式栗子酥

材料（5 份）

法式栗子餡 125g
烘焙鹹蛋黃 5 顆
酥皮 3 片

調味料
米酒適量

作法

1. 先將法式栗子餡分成 25g 一份，並揉成圓形備用；鹹蛋黃用米酒浸泡 10 分鐘後，以 160 度烤 5 分鐘。

2. 將蛋黃放在法式栗子餡皮上並包覆起來。

3. 將酥皮一片對切為兩份，並把前後裁切成方形包裹住栗子餡。

4. 將法式栗子酥放入氣炸鍋中，以 180 度烤 12 分鐘即可。

Tips　餡料類可自烘焙坊購入，多種餡料都可以嘗試用這個方法做變化，成為下午茶人氣小點。

170℃
12min

手工蔓越莓司康

材料（12 個）

中筋麵粉 200g　　泡打粉 5g
白細砂糖 25g　　　無鹽奶油 40g
抹茶粉 5g　　　　 冰牛奶 80g
蔓越莓乾 60g

作法 ——————————————

1. 將中筋麵粉過篩後，依序加入細砂糖、蔓越莓乾、泡打粉。

2. 無鹽奶油切成丁狀加入鋼盆中，用手慢慢揉搯，均勻混合成砂礫狀，再將牛奶慢慢加入，搓揉成糰。
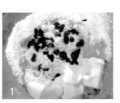

3. 將上述麵糰，擀平對折共三次，再以保鮮膜封起，放入冰箱冷藏 1 小時。

4. 將冷藏麵糰取出，以 40g 為一個單位，揉成圓形後再輕輕壓扁，約 2 公分高；或使用喜歡的模具，壓出想要的形狀。

5. 將司康放入氣炸鍋中，以 170 度烘烤 12 分鐘即可。

6. 對切一半，抹上果醬或蜂蜜，即可食用。

Cook more **抹茶餅乾**　　　　　　　　　　RECIPE 112

麵糰整形的過程中，可分成 2 份，其中一份揉入抹茶粉，做出不同的口味喔！

RECIPE 113

酥皮莓果捲

材料（7 份）

酥皮 3 片
莓果醬適量
雞蛋 1 顆
糖粉少許

作法 ────────────────────

1. 將酥皮放置室溫等待軟化後，每一層都塗抹上莓果醬，將 3
   片酥皮疊起來後，稍微輕壓四周，使其黏合。

2. 以 1.5 公分為一切，將酥皮切成長條狀後，用扭轉的方式，
   將酥皮扭成螺旋狀後，繞成一個小圈圈後，兩邊接口壓牢。

3. 在氣炸鍋內鋪上烘焙紙，將圓型酥皮放上去，並在上面塗抹
   些許蛋液。

4. 以 180 度烤 5 分鐘後翻面，再續烤 5 分鐘，最後灑上些許糖
   粉過篩即可。

 塗抹果醬時不要上太厚，以免氣炸時爆漿不易成形。

3

180℃
6▸6min

RECIPE 114

蝴蝶酥佐花生醬

材料（8 個）

花生醬 2 大匙
酥皮 2 片

作法 ────────────────

1. 花生醬先用微波爐微波 10 秒 2 次，讓花生醬融化。

2. 在第一層酥皮上塗抹花生醬，再覆蓋上第二層酥皮。

3. 趁酥皮微微軟化時，將兩邊向中線對折，再對折。

4. 以 1.5 公分為一切，將酥皮切成約 8 等份後，放入氣炸鍋中。

5. 以 180 度烤 6 分鐘，拉出翻面再續烤 6 分鐘，即可享用。

 Tips

1. 塗抹微溫的花生醬時，動作要快速，以免酥皮過度軟化，會不好折。

2. 如果折好的酥皮太軟，可將酥皮先放置冷凍庫 10 分鐘，等稍微冰硬一點再拿出來切。

3. 烤好的蝴蝶酥可靜置 5 ～ 10 分鐘，待溫度降低再吃，十分酥脆可口喔。

4. 原味蝴蝶酥，可用砂糖取代花生醬，灑在兩層酥皮中間，用相同的溫度、時間也可製作。

165℃
約 25min

黑糖烤燕麥片

材料

燕麥 400ml
腰果 50ml
葡萄乾 50ml
蔓越莓或綜合果乾 50ml
綜合堅果 50ml

調味料
蜂蜜 2 大匙
橄欖油 2 大匙
鹽少許
黑糖漿 1.5 大匙

作法

1. 將所有的材料倒入鋼盆中，並依序加入蜂蜜、橄欖油、鹽，均勻攪拌，視覺上如果太黏稠可以再加一些燕麥片。

2. 將拌好的綜合燕麥放入氣炸鍋中，以 165 度烤約 20～25 分鐘，每 8～10 分鐘打開攪拌一下，最後一次攪拌時加入黑糖漿，烤出香氣即可，並烤到金黃酥脆。

3. 最後務必將烤好的燕麥倒出來，攤平降溫，等它轉為酥硬後再扳成小塊裝盒放置冰箱即可。

Tips

1. 市面上有賣原味綜合堅果，可以隨自己的喜好，與燕麥一起放進去烤。

2. 烤好的燕麥如果沒倒出來降溫，冷卻後會卡在烘烤鍋挖不出來，所以一定要記得烤好之後要倒出來攤平喔！

3. 黑糖漿最後才放以免烤過久有苦味。

超搭料理 烤燕麥搭配優格風味絕妙，一定要試試！

150℃
約 10min
⌄
140℃
約 20min

RECIPE 116

堅果塔

材料料（18～20份）

市售小塔皮	焦糖液
夏威夷果 150g	無鹽奶油 30g
南瓜子仁 50g	細砂糖 30g
核桃仁 30g	麥芽糖 20g
松子 20g	蜂蜜 60g
杏仁 30g	鮮奶油 30g
腰果 30g	黑糖 10g

作法 ————

1. 塔皮用叉子在底部戳一些透氣洞口，以 150 度氣炸 8～10 分鐘烤熟，備用。

2. 各式堅果以 140 度氣炸 10～20 分鐘烤熟，備用。

3. 煮焦糖液：取一小鍋用小火融化奶油，加入細砂糖、麥芽糖、蜂蜜、黑糖，煮至起泡且完全融化，關火，再加入常溫鮮奶油拌勻。

4. 將堅果加入焦糖液中拌勻。

5. 將裹好焦糖液的堅果倒入塔皮後，美味堅果塔即完成，冷藏後風味更佳。

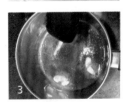

Tips

1. 堅果的營養價值很高，氣炸鍋中溫烘焙堅果非常方便，須視堅果大小及量來決定溫度及時間，例如杏仁、夏威夷果因為比較大顆，因此可能須使用 120～140 度氣炸 15～20 分鐘，放涼即可。南瓜子仁、松子仁可以降溫至 100～120 度，10～15 分鐘即可。

2. 除了原味口味以外，喜歡甜味的可以加入細冰糖粉一起氣炸，喜歡鹹味的可加入椒鹽，放涼常溫可保存 5～7 天，也可喜歡多少烤多少，每天新鮮現吃。

200℃
—————
8min

RECIPE 117

炙燒焦糖葡萄柚

材料（2 人份）

葡萄柚 1 顆

調味料
二砂糖 1 匙
蜂蜜 1 小匙
白蘭地少許

作法

1. 把葡萄柚對切後將果肉完整用湯匙挖出來，再將挖出的果肉對切成四份，再放回葡萄柚果皮中。

2. 果肉表面塗上一層蜂蜜，表面再灑滿二砂糖，淋上少許的白蘭地。

3. 將葡萄柚放入氣炸鍋中，以 200 度烘烤 8 分鐘，表面的二砂糖融化即可。

 Tips 　將葡萄柚果肉挖出時須小心，果皮一旦挖破，烘烤過程汁液會流出來。

170℃
3min

150℃
5▸3min

RECIPE 118

烤奶油酥條

材料（2 人份）

土司 2 片
無鹽奶油（或花生醬、
大蒜麵包醬）適量

調味料
白砂糖適量

作法

1. 將無鹽奶油（或花生醬、大蒜麵包醬），放入微波爐按 10 秒 2 次加熱，分次融化奶油。

2. 土司 2 片平鋪，將奶油或抹醬塗抹在土司片表面，將兩片土司覆蓋合起來，以 1.5 公分切成條狀。

3. 將切好的條狀土司平整放入氣炸鍋，以 170 度烤 3 分鐘後，打開氣炸鍋將酥條兩面分開，在土司條上均勻灑上白砂糖，再以 150 度烤 5 分鐘，拉開翻面續烤 3 分鐘。

200℃

約 8min

黑糖奶油爆米花

材料（2 人份）

爆米花玉米粒⅕米杯（爆米花專用）
奶油 50g
黑糖塊或粉 30g
蜂蜜 30g

作法 ─────

1. 將爆米花玉米粒放入氣炸鍋中，並在上面放置烤架以防噴飛。

2. 以 200 度烤 5 ～ 8 分鐘，等爆米花沒有持續爆開的聲音，就可以關掉開關。

3. 將奶油和黑糖粉（塊）及蜂蜜，放入炒鍋中，以小火炒出焦糖色。

4. 將爆好的爆米花倒入炒鍋中，與黑糖奶油均勻攪拌，讓黑糖附著上爆米花即可。

5. 放涼靜置約 5 分鐘，即可享用。

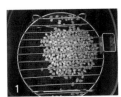

 爆米花在爆開時會往上彈，所以一定要放烤架壓住它，避免它彈到氣炸鍋上方的加熱管，卡住燒焦就危險了！

180℃
約 4min

花好月圓

材料（2～3人份）

市售湯圓 300g
橄欖油適量（噴油用）

調味料
花生粉 4 大匙
糖粉 2 大匙

裹粉
太白粉

作法

1. 市售湯圓滾一點太白粉、噴上些許油滾一下，炸籃需要鋪烘焙紙，以 180 度炸 3 到 4 分鐘。

2. 湯圓取出以後直接滾花生糖粉，甜度可以依自己喜好調整。

Tips

1. 炸好的湯圓滾什麼粉都可以，黃豆粉、綠豆粉、芝麻粉、海苔粉、梅子粉非常百搭。

2. 常溫湯圓或者冷凍湯圓皆可直接氣炸，冷凍湯圓大約180 度炸 4 分鐘即可。

RECIPE 121

爆漿酥皮湯圓

180℃
5▸5min

材料

芝麻湯圓數顆
花生湯圓數顆
酥皮數份

作法

1. 將酥皮退冰 10 分鐘，待軟化後，對切成兩片，各放入 1 顆湯圓。

2. 酥皮對折，將湯圓包覆起來，在四周用叉子壓成紋路，讓酥皮黏合。

3. 將酥皮湯圓放入氣炸鍋，以 180 度烤 5 分鐘，拉出翻面再續烤 5 分鐘。

(Tips) 炸好的酥皮湯圓，溫度很高，小心爆漿燙口。

90℃
90min

RECIPE 122

鳳梨花

材料（2 人份）

鳳梨 1 顆

作法 ────────────────────────────

1. 鳳梨去皮切片。

2. 將烤架放入炸籃內，鳳梨片立放，以 90 度烤 90 分鐘。

3. 裝盤後放涼，即成酸甜美味的鳳梨乾，可以搭配自行調配的優格水果醬享用。

Tips

1. 作法 2 過程中可以翻面 1 ～ 2 次，讓鳳梨乾烘烤得更均勻。

2. 很多水果都可以烘成乾享用，風味不一樣，烘烤水果乾的重點是一定要低溫，不要超過 100 度，依水果含水量時間不等。

Cook more **蘋果乾**　　　　　　　　　　　RECIPE 123

將蘋果切薄片，越薄越好，泡鹽水後瀝乾，可以烤架輔助，盡量不要讓水果片重疊在一起，氣炸鍋設定 90 度總共烘烤約 50 ～ 60 分鐘（依份量），每 10 分鐘翻面一次，讓果片均勻受熱，放涼後會變得酥脆香甜。

160℃
30min

焦糖肉桂蘋果派

材料（2 人份）

蘋果 1 顆　　　　調味料
酥皮 4 張　　　　二砂糖少許
　　　　　　　　糖粉少許
　　　　　　　　無鹽奶油 100g
　　　　　　　　肉桂粉少許
　　　　　　　　蜂蜜 20g
　　　　　　　　檸檬汁少許

作法 ─────────────

1. 將蘋果洗乾淨，用小刀把內核挖出。

2. 將蘋果切成薄片狀，並放入鹽水中，滴上檸檬汁備用。

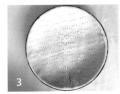

3. 將 4 片酥皮黏合成一大張，並用叉子在表面上戳洞，避免加熱時餅皮變形。

4. 將酥皮擺放在盤子上，裁切成容器的大小，並將蘋果片依序平鋪在酥皮上。

5. 將奶油、蜂蜜、肉桂粉、檸檬汁混合，以小火加熱融化攪拌均勻。

6. 在蘋果派上均勻塗上作法 5 的肉桂奶油，再均勻撒上一層薄薄的二砂糖。

7. 將蘋果派放入氣炸鍋中，以 160 度烘烤 30 分鐘呈焦糖色即可。

 Tips

1. 起鍋之後，蘋果派可以撒上一層糖粉，再用噴槍炙燒表面，可以產生更多的香氣。

2. 如果使用鋁箔容器，底下可以用叉子戳出數孔，在烘烤過程中會有汁液流出，底層的酥皮才不會潮濕。

$180℃$

$\overline{30\text{min}}$

RECIPE 125

氣炸焦糖榴槤

材料（1 人份）

帶殼榴槤 2 斤以內

醬汁
糖粉適量
蜂蜜適量

作法 ——————

1. 手戴手套用刀子將榴槤剖開，只取一半榴槤，果肉部分用鋁箔紙包起來。

2. 將榴槤放入氣炸鍋，以 180 度烘烤 30 分鐘。

3. 完成後取出果肉，撒上一層糖粉，再以噴槍炙燒產生薄脆的焦糖。

4. 淋上些許的蜂蜜，呈盤即可。

Tips

1. 榴槤烘烤小心刺會刮傷內鍋，接觸面可以包上鋁箔紙。

2. 烘烤好的果肉，可以再放入冷凍冰鎮，風味更濃郁。

Anqueen安晴
健康減油氣炸鍋AQ-P19

80% 有效油切

告別傳統油炸
滿足挑剔味蕾
全新烘焙方式 由此開始

不放油才是真健康

健康生活，減脂有理。

4件專屬配件組

矽膠夾	清潔劑	烘烤鍋	串燒架

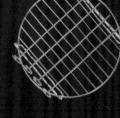

www.aq-shoping.com.tw/Home

輕　食　代

滿足你對美食的所有想像
讓個性化需求再別無他求

2AB860

好好玩料理

蒸煮、油炸、煎烤、烘焙全提案，從新手到進階，
網路詢問度最高的油切人氣食譜

作　　者	徐湘珠、蕭秀珊、施宜孝
攝　　影	光衍工作室、施宜孝
責任編輯	李素卿
主　　編	溫淑閔
版面構成	江麗姿
封面設計	走路花工作室

行銷專員	辛政遠、楊惠潔
總 編 輯	姚蜀芸
副 社 長	黃錫鉉

總 經 理	吳濱伶
發 行 人	何飛鵬
出　　版	創意市集

發　　行　城邦文化事業股份有限公司
　　　　　歡迎光臨城邦讀書花園
　　　　　網址：www.cite.com.tw

香港發行所　城邦（香港）出版集團有限公司
　　　　　香港灣仔駱克道 193 號東超商業中心 1 樓
　　　　　電話：(852) 25086231
　　　　　傳真：(852) 25789337
　　　　　E-mail：hkcite@biznetvigator.com

馬新發行所　城邦（馬新）出版集團
　　　　　Cite (M) Sdn Bhd
　　　　　41, Jalan Radin Anum, Bandar Baru Sri Petaling,
　　　　　57000 Kuala Lumpur, Malaysia.
　　　　　電話：(603) 90578822
　　　　　傳真：(603) 90576622
　　　　　E-mail：cite@cite.com.my

印　　刷	凱林彩印股份有限公司
	17刷 2023 年（民 112）12 月
	Printed in Taiwan
定　　價	380 元

客戶服務中心
地址：10483 台北市中山區民生東路二段 141 號 B1
服務電話：（02）2500-7718、（02）2500-7719
服務時間：周一至周五 9：30 ～ 18：00
24 小時傳真專線：（02）2500-1990 ～ 3
E-mail：service@readingclub.com.tw

國家圖書館出版品預行編目 (CIP) 資料

氣炸鍋好好玩料理 125：熱炒超美味！蒸煮、油
炸、煎烤、烘焙全提案，從新手到進階，網路詢
問度最高的油切人氣食譜 / 徐湘珠、蕭秀珊、施
宜孝 . -- 初版 . -- 臺北市：創意市集出版：城邦文
化發行 , 民 108.11
面；　公分

　ISBN 978-957-9199-71-1(平裝)
　1. 食譜

　427.1　　　　　　　　　　　　　　108015939